商务部指定家政服务培训教材

－全国家政服务员培训教材－

家政服务入门

JIA ZHENG FU WU RU MEN

全国家政服务员培训教材编委会 编著

中国商务出版社

CHINA COMMERCE AND TRADE PRESS

图书在版编目（CIP）数据

家政服务入门 / 《全国家政服务员培训教材》编委
会编著． -- 北京 ： 中国商务出版社，2012.12（2014.12 重印）
　　全国家政服务员培训教材
　　ISBN 978-7-5103-0841-3

　　Ⅰ．①家… Ⅱ．①全… Ⅲ．①家政服务－岗位培训－
教材 Ⅳ．① TS976.7

　　中国版本图书馆 CIP 数据核字 (2013) 第 004917 号

全国家政服务员培训教材
家政服务入门
JIAZHENG FUWU RUMEN
全国家政服务员培训教材编委会 编著

出　　版：中国商务出版社
发　　行：北京中商图出版物发行有限责任公司
社　　址：北京市东城区安定门外大街东后巷28号
邮　　编：100710
电　　话：010-64515141（编辑三室）
　　　　　010-64266119（发行部）
　　　　　010-64263201（零售、邮购）
网　　址：www.cctpress.com
邮　　箱：cctp@cctpress.com
照　　排：人民日报印刷厂数字中心
印　　刷：北京松源印刷有限公司
开　　本：787 毫米 × 1092 毫米　　1 / 16
印　　张：6.5　　　　　　　　字　数：93千字
版　　次：2013年3月第1版　　2014年12月第7次印刷

书　　号：ISBN 978-7-5103-0841-3
定　　价：25.00元

指 导 单 位

目录

第一章 家政服务认知

我不干了，我父母不让我干这活，说我这是在给城里人当丫鬟！

家政服务员并不等同于以前的下人，而是和用户平等的。你应该向你父母说明情况，让他们放心。

学习目标

在学习家政服务认知之前，先来看看本章要求我们掌握的重点都有哪些吧！
1. 家政服务工作的主要内容
2. 家政服务员的职业定义与职业等级
3. 家政服务员的从业心理准备

第一节 家政服务业的发展

一、行业认知

随着我国社会的进步，人民生活水平的不断提高，家政服务已成为越来越多家庭的需求。现今，每个家庭都有形式不同的家政服务需求。由于家庭事务方面纷杂繁多，对于单个家庭来说，提供专业化的家政服务工作可以满足的主要需求如下：

（1）家庭生活顺利进行的需要。

（2）家务劳动效率大大提高的需要。

（3）家庭生活质量不断提高的需要。

（4）家庭结构稳定的需要。如果家庭成员间分配的家务工作不科学，沟通不到位，会产生很多误解和埋怨，严重的还会出现家庭关系的破裂。

家政服务业是以家庭为服务对象，向家庭提供各类劳务，满足家庭生活需求的服务行业。大力发展家庭服务业，对于增加就业、改善民生、扩大内需、调整产业结构具有重要作用。

家政服务行业负有其光荣的使命：在新的历史时期，为千百万城镇求职人员和农村富余劳动力谋求就业岗位；为下岗员工扩大再就业选择空间；为大中专毕业生的就业创业提供机会；为城市家庭提供生活指南及服务，满足城乡社区家庭不断增长的家庭服务消费需求。

二、工作内容

家政服务工作的主要内容有：

（1）一般家务：制作家庭便餐、家居保洁、衣物洗涤等，以器物的服务为主。

（2）照料婴幼儿：对婴幼儿的照料、看管。

（3）护理老年人：照料、陪护老年人。

（4）护理病人：在家庭或医院照料、看护病人。

（5）照料孕、产妇与新生儿。

三、从业教育

（一）观念教育

发展家政服务，观念是首要问题，有赖于家政服务员和社会各界对家政服务行业的正确理解和对待。

（二）道德教育

百行德为首，做事先做人，待人讲仁义，做事讲诚信。能否做一个合格的家政服务员，首先要看他有没有良好的思想道德品质，在工作和生活中能不能按照道德规范要求自己。

（三）法制教育

没有规矩不成方圆。以法为鉴可知规矩。遵规守法是每一个家政服务员必备条件之一，它有助于正确履行自己应尽的义务，有利于维护自己合法的权益。

（四）安全教育

家政服务员要尽可能防范各种不安全因素的发生，必须正确掌握各种安全防卫措施。

（五）业务教育

1．清洁卫生教育

努力营造一个整洁优雅的家庭环境，对于人们的身心健康和生活文明是非常重要的。家政服务员的清洁卫生教育分为家政服务员个人卫生基本知识教育和清洁卫生服务知识教育。

2．家电使用教育

现代家庭都拥有各种电器设备，这些家用电器若使用不当或不及时维护保养，大多会影响使用效率和寿命。家政服务员应充分了解家用电器的正确使用方法和日常保养，掌握一些简单故障的识别和处理方法。

3．家庭膳食教育

民以食为天。家庭的合理膳食关系到人们的身体健康，家政服务员必须努力学习掌握家庭膳食方面的基本知识，刻苦钻研，练就一套家庭膳食的基本技能，为用户提供满意的服务。

4．护理保健教育

健康是人生最宝贵的财富。家政服务员要努力学习并做好家庭护理保健工作，使用户拥有健康快乐的身心。

第二节 家政服务员职业 定义与等级

一、职业概况

（一）职业名称

家政服务员。

（二）职业定义

进入家庭并根据合同约定为所服务家庭提供家务服务的人员。

（三）职业等级

本职业共设三个等级，分别为：
初级（国家职业资格五级）
中级（国家职业资格四级）
高级（国家职业资格三级）

（四）职业环境条件

室内、外，常温。

（五）职业能力特征

具有一定的动手能力、学习能力、语言表达能力和人际交往能力。

（六）基本文化程度

初中毕业。

二、初级家政员工作要求

职业功能	工作内容	技能要求	相关知识
一制作家庭餐	制作主食	1. 能分别运用蒸、煮、烙技法制作两种主食 2. 能清洁、使用燃气灶具、高压锅、电饭煲、电冰箱和微波炉	1. 馅料调拌常识 2. 主食成熟性状鉴别常识 3. 燃气灶具、高压锅、电饭煲、电冰箱和微波炉的使用方法 4. 煤、煤气、液化气、天然气的使用常识
	烹制菜肴	1. 能购买烹饪原料和食品 2. 能选、削、择、洗常见蔬菜 3. 能将烹饪原料加工成丁、片、块、段、条、丝、茸状 4. 能配制肉片炒扁豆、炖排骨等一般菜肴 5. 能分别运用蒸、炒、炖、拌、煎、煮、炸技法制作两种菜肴	1. 采买记账基本知识 2. 家庭常用刀工技法 3. 菜肴成熟性状鉴别常识 4. 常见调味品的使用方法 5. 菜肴原料搭配常识 6. 蒸、炒、炖、拌、煎、煮、炸烹制菜肴的技术方法
二家居清洁	清洁家居	1. 能清扫、擦拭、清洁地面 2. 能清扫墙壁灰尘 3. 能清洁卧室、书房、起居室 4. 能清洁厨房、卫生间及其附属设施	1. 家庭常见清洁用品和用具知识 2. 家用电器的使用方法 3. 常见清洁剂、消毒剂的使用方法
	清洁家具及用品	1. 能擦拭、清洁家具、门窗 2. 能擦拭灯具	1. 家具擦拭、清洁常识 2. 灯具清洁常识
三洗涤摆放衣物	洗涤衣物	1. 能识别衣物洗涤标识 2. 能依据衣物的质地选用洗涤剂 3. 能手工洗涤常见衣物 4. 能用洗衣机洗涤常见衣物 5. 能晾晒常见衣物 6. 能清洁鞋帽	1. 服装面料鉴别常识 2. 常见洗涤剂的性能与用途 3. 洗衣机使用方法
	衣物摆放	1. 能折叠常见衣物 2. 能分类摆放常见衣物	常见衣物折叠与摆放常识

职业功能	工作内容	技能要求	相关知识
四 照料孕、产妇	照料孕妇	1. 能照料孕妇日常盥洗和洗澡 2. 能按要求制作孕妇饮食 3. 能为孕妇换洗衣物	1. 孕妇生理变化基本特点 2. 孕期饮食常识 3. 孕妇起居、外出注意事项
	照料产妇	1. 能为产妇制作常见饮食 2. 能照料产妇盥洗、沐浴 3. 能给产妇换洗衣物	1. 产妇饮食基本要求 2. 产妇日常生活注意事项
五 照料婴幼儿	饮食料理	1. 能为婴幼儿调配奶粉 2. 能给婴幼儿喂奶、喂饭和喝水 3. 能清洁婴幼儿餐具	1. 婴幼儿人工喂养方法 2. 婴幼儿进食、进水的基本方法 3. 婴幼儿餐具清洁方法
	生活料理	1. 能给婴幼儿进行日常盥洗 2. 能给婴幼儿穿、脱衣服 3. 能抱、领婴幼儿 4. 能给婴儿换洗尿布 5. 能照料婴幼儿便溺 6. 能清洁婴幼儿玩具	1. 婴幼儿盥洗基本方法 2. 抱、领婴幼儿的基本方法 3. 婴幼儿看护常识 4. 婴幼儿衣物的洗涤方法 5. 照料婴幼儿便溺的基本方法
	异常情况应对	1. 能在发现婴幼儿异常情况时及时报告 2. 能处理轻微外伤和烫伤	1. 紧急呼救常识 2. 外伤和烫伤紧急处理常识
六 照料老年人	饮食料理	1. 能给老年人制作常见主、副食 2. 能给老年人喂食、喂水	1. 老年人饮食特点 2. 老年人进食、进水注意事项
	生活料理	1. 能照料老年人日常盥洗和洗澡 2. 能给老年人穿、脱衣物 3. 能陪伴老年人出行	1. 老年人的生活特点 2. 老年人的性格特点 3. 老年人居家、外出注意事项 4. 与老年人相处的基本方法
	异常情况应对	1. 能在发现老年人的异常情况时及时报告 2. 能处理老年人的轻微外伤和烫伤	1. 老年人常见的意外情况 2. 外伤和烫伤紧急处理常识
七 护理病人	饮食料理	1. 能为病人制作基本饮食 2. 能给卧床病人喂水、喂饭	1. 病人饮食特点 2. 给卧床病人喂水、喂饭的基本方法
	生活料理	1. 能给病人盥洗 2. 能照料卧床病人便溺 3. 能为病人测体温 4. 能给卧床病人洗头、擦澡	1. 卧床病人盥洗方法 2. 卧床病人便溺护理方法 3. 体温测量基本常识 4. 给卧床病人洗头、擦澡的基本方法
	异常情况应对	能在发现病人的异常情况时及时呼救	1. 常见病人的异常情况 2. 紧急呼救常识

第三节 家政服务员从业心理准备

现代家政服务业是现代社会的新兴产业，对家庭和社会有着重要作用，家政服务员要有一定的从业心理准备。

一、家政服务员不等同于保姆

从事这个行业的家政服务员再也不是传统意义上的保姆了，两者区别如下：

（一）社会地位不同

传统保姆与用户的关系是主仆关系，具有人身依附性，在人格和社会地位上都是不平等的，被视为"下人"，年轻的被称为"使唤丫头"，年长的被称为"老妈子"，是奴婢制度下的人物。而现代的家政服务员是国家认定的正式社会职业，受到国家法律保护，与用户的关系是职业上的雇佣关系，没有人身的依附性，两者在人格和社会地位上是平等的。

 家庭小贴士

提高职业水平的方法

在专业学习中训练　在社会实践中体验
在自我修养中提高　在职业活动中强化

（二）工作内容不同

传统保姆的工作比较单一，不外乎带孩子、洗衣服、打扫卫生、做饭等一些简单的家务劳动。而现代家政服务的工作内容广泛而且技术含量高，需经过专业技能培训，除一般的家务工作外，还要会家庭保健、母婴护理、会使用各种现代家用电器、懂得电脑和网络知识等。

（三）工作规范不同

传统的保姆虽然是一份工作，但并不是一个正规职业，没有统一的行业规范。保姆工作怎样，能力怎样，用户要求是否过分，没有统一标准可依，如果发生纠纷属于主仆间的私事，很难得到公正评判。而现代家政服务员成为国家正式职业后，国家有统一的职业标准，工作标准和程序要求非常规范，工作中有了纠纷可按规范标准进行评估，分清是非，可以依照有关法律保护双方的正当权益。

家庭小贴士

随着社会经济的发展和社会观念的转变，家政服务工作将逐渐演变为受人追捧的时尚职业。在英国、美国、日本等发达国家，家政服务是一项崇高的职业，高级家政从业人员的报酬一般会比一些公司白领的收入还丰厚。

二、如何面对困难及孤独

家政服务员一般都是从农村来的女性，对于城市生活可能很陌生。如果用户通情达理，能结成一定的友谊还可，有时遇到用户性格特别的，难免就会产生身在异乡的孤独感，就会想家，悲观，甚至自暴自弃，或者逃离岗位。实际无论从事什么工作都有一个适应的过程。家政服务员要想做好本职工作，应该调整好心态，积极主动地适应城市生活和职业生活。家政服务工作看似简单，深入进去实际有很多可学的东西。可以以获得中、高级职业资格为目标，多学知识，认真练习，敬岗敬业，自尊自爱，树立正确的人生观及职业观，相信用不了多长时间，职业困惑就会迎刃而解的。

服务案例

转变观念求进取 做新行业的领军人

北京某家政服务员小玉（化名）在职期间工作认真，任务完成非常出色，也受到了用户的肯定和认可。但是从事工作三个月后突然提出辞职。当经理问及缘由时，她回答说，一直没敢告诉父母自己在城里做什么工作，一份伺候人的差事，没面子。昨天家里人知道了，说我现在给城里人做"丫鬟"，不让我做了，让我回家。

博士点评

家政服务员是一个新型的服务行业，并不等同于以前的下人，而是和用户平等的。经理应结合现代家政服务的工作性质和职业特点给她讲解，让她了解，并让她家人放心。

家庭博士答疑

我感觉家务劳动非常复杂，无从下手，有什么办法吗？

家务劳动虽然较为复杂，但只要科学、合理地安排每日工作，就会感到轻松自如，而不会感到家务劳动无从入手。

做家务劳动首先要熟悉其工作的范围，而后逐步学习家务的技巧，掌握家务劳动的科学性。高效、高质、省时、省力是做好家务劳动的基本要求。

（一）工作早安排、巧计划

每周、每日、每时要做哪些事，先干什么，再干什么，如何干，都要有计划和安排。

（二）见缝插针，组织有序

工作井然有序，例如，可一边煮饭，一边摘菜，从而达到省时、高效、省力。物品摆放有序，避免临时乱抓。

（三）分清主次、繁简、急缓，劳逸结合

做到先主后次，先繁后简，先急后缓，有劳有逸，提高时效。

（四）主动协商，争取合作

做事主动，多和用户商量，听取意见和建议，搞好合作。

练习与提高

1. 家政服务工作的主要内容是什么？

2. 家政服务员职业分为几个等级？

3. 家政服务员和保姆有什么区别？

4. 做好家务劳动的基本要求是什么？怎样做到？

第二章 家政服务员道德规范

　　通过上一章的学习，我们对家政服务工作有了一定的认知，接下来将带领大家学习的是：

　　1. 公民的基本道德规范

　　2. 家政服务员的职业道德

第一节　公民的基本道德规范

　　《公民道德建设实施纲要》要求在全社会大力倡导"爱国守法、明礼诚信、团结友善、勤俭自强、敬业奉献"的基本道德规范。旨在提高全民道德素质，培养有理想、有道德、有文化、有纪律的社会主义公民。

一、爱国守法

　　热爱祖国、遵纪守法是每个公民的基本义务和起码要求。热爱祖国就是要自觉遵纪守法，自觉维护国家、民族利益，以国家大局为重。自觉守法才能使法律和纪律得以顺利地施行，使社会秩序稳定。

二、明礼诚信

　　文明礼貌、诚实守信是公民道德修养的基本内涵。明礼是重礼节、讲礼貌，更要注重公共文明和公共道德。诚信是忠诚老实，诚恳待人，以信用取信于人，对他人给予信任。

三、团结友善

团结和睦、友善待人是中华民族优秀传统与时代精神有机结合的人际关系基本准则。要求全体公民要有群体意识、协作精神和服务意识，正确化解矛盾冲突，顾全大局，增强团结，助人为乐，利他律己，行善积德，培养有原则的、健康纯洁的团结友善关系。

四、勤俭自强

勤俭节约、自立自强是中华民族的优良传统。勤俭节约就是要多劳动，不浪费，量入为出。自立自强就是要努力进取，自力更生，赢得尊严和权利。

五、敬业奉献

爱岗敬业、奉献社会是每个公民应当具备的职业道德和品质。爱岗敬业要求我们立足本职，严肃认真，兢兢业业，一丝不苟，高质量完成工作任务。奉献社会要求转变观念、提升高度，全心全意为人民、为社会、为国家、为民族做贡献。

第二节　家政服务员的职业道德

百行德为首，做事先做人。待人讲仁义，做事讲诚信。职业道德是做人做事的根本，它既是对本职人员在职业活动中行为的要求，同时又是职业对社会所负的道德责任与义务。家政服务员的职业道德规范分为职业守则、职业警言和职业纪律三个方面。

一、职业守则

《家政服务员国家职业标准》中规范的职业守则为：

遵纪守法，维护社会公德。

自尊、自信、自强、自立。

文明礼貌、守时守信、勤俭节约。

尊老爱幼、忠厚诚实、不涉家私。

二、职业警言

家政服务员要处理好与家政服务职业的关系，应做到爱岗敬业。

家政服务员要处理好与用户的关系，要诚实守信、办事公道。

家政服务员要处理好与社会的关系，要有服务群众、奉献社会的精神。

三、职业纪律

职业纪律又称工作行为规范，是指在特定的职业活动范围内，从事某项职业的活动过程中，必须共同遵守的要求。在家政企业的道德教育中，职业纪律是重要一环。

（一）初到用户家时

家庭小贴士

遵守职业纪律的过程中，家政服务人员一定要有强烈的职业意识、服务意识、安全意识、尊重个人隐私等方面的意识。

1. 五个了解

应了解并牢记用户的家庭住址及周围与服务相关的场所和服务时间。

应了解用户的家庭成员关系和有紧急事务时联系人的电话和地址。

应了解用户对服务工作的要求和注意事项。认真询问用户、充分沟通，并做好记录。未听清和未听懂的一定要问清楚，不要不懂装懂。

应了解所照看的老人、病人、小孩的生活习惯、脾气。

应了解用户家庭成员的性格、爱好，工作、生活习惯，饭菜口味及家庭必要物品的摆放位置。

2. 两个主动

应主动介绍自己的姓名、年龄、来自何地、有何特长等。

应主动请用户检查其保险单、健康证明、培训报告、身份证件。

 家庭小贴士

要注意：不该看的东西不要看，不该翻的东西不要翻，不该动的东西不要动，尤其是用户的宗教信仰的物品。若发现一些自己从未见过的新奇有趣的物品，可以坦诚地对用户言明，在用户同意的情况下方可观看或使用。如果用户没有同意，就不应勉强或有其他的想法，更不能在用户外出时，自己偷偷地将东西拿出来把玩，甚至据为己有，这是很不礼貌的，也是不道德的。同时也会使用户对你产生不良印象，对你失去基本的信任。

（二）入户工作时

1. 经济方面

不准向用户借钱借物。

不准以任何名义和借口向用户索要额外的休息时间和报酬。

提倡勤俭朴素作风，协助用户节约开支。

2. 隐私方面

应具有尊重用户和自己的隐私及独立空间的意识：

不准打听和传播用户家的私事。要做到不过问、不参与、不传话。

不准泄露用户及其亲友的家庭和工作地址、电话号码、电子邮件信箱及其他私人信息。

用户休息时，尽量回避其休息区域。

不准与异性成、青年人同居一室。

3. 用户安全方面

为用户的家庭财产安全负责。

不准擅自引领他人进入用户家中。

不准虐待（打骂）老、幼、病、残、孕人员。

随时看管好用户的老人和小孩，一定要随时注意和保证他们的安全。

养成出门前和临睡前的水、电、煤气的检查习惯。

4. 个人卫生方面

个人生活用品需专人专用。

5. 个人安全方面

不准擅自外出和夜不归宿。

不要做对自己身体或物品有危险的事情。

个人人身安全不容侵犯。

6. 个人行为方面

不准乱翻、乱动、乱看用户的东西。

不准随便拨打私人电话。

不准随意使用用户家的贵重物品、器具、通讯设备等。

不准盗窃、赌博、泡酒吧、泡网吧及打架斗殴。

认真负责做好用户安排的每一项工作。做事要有程序，不要丢三落四。

认真执行劳务合同。

7. 个人工作态度方面

尊重用户的意愿，主观意识不要太强。切不可自作主张，不要老是强调自己的生活习惯。

尽量在最短的时间内了解用户生活习惯、饮食口味、爱好、起居作息时间、房间生活用品的放置等。

正确区分和应对善意的批评和冷嘲热讽。

工作失误要主动承担责任。

正确处理并化解工作期间发生的矛盾。

有误会的话要积极解决。

正确理解是否与用户同桌、同时就餐问题。

服务案例

冷静机智的王阿姨

王阿姨在京从事家政服务工作五年时间，在每个用户家都广受好评。今年来到魏先生家做家务工作。魏先生家是一个三口之家，有一个女儿叫魏荣。王阿姨主要负责打理家务，平时王阿姨诚诚恳恳，尽心尽职地做着本职工作，和用户的关系也很融洽。魏荣有一个嗜好：比较喜欢手表。在她的柜子里面摆满了各种款式和不同品牌的手表。有一天，她要参加同学聚会，准备戴上最喜欢的手表时发现，自己平时最喜欢的那款手表不翼而飞，反复找了好几遍后仍未发现，她着急地大喊："王阿姨，你看见我的那款手表了吗？"王阿姨说："没有。"于是魏荣急乎乎地说："没有，难道我的手表长了翅膀吗？家里也没有其他的人。"王阿姨当时很冷静地说："您别着急，阿姨帮你一起找，你告诉阿姨昨晚你都动过哪些东西。"通过两人的沟通，魏荣终于在她书房的书柜里找到了这块手表。

博士点评

在这个案例中，王阿姨做得很好。面对委屈和责难要保持冷静，并积极帮用户解决问题。

家庭博士答疑

请问作为家政服务员，我怎么能分清用户是对我善意的批评，还是冷嘲热讽呢？如果用户对我冷嘲热讽，我该怎么办呢？

善意的批评和冷嘲热讽之间迥然不同。善意的批评是出于对你的关心和爱护而进行的批评。常常是和颜悦色，语言都很文明，不躁不急，点到为止。冷嘲热讽的语言多刻薄、挖苦、侮辱人格、阴阳怪气、话中有话，往往是对人而不对事，就一件小事便借题发挥。

对方若对你冷嘲热讽，你可以直接指出这种行为对你的伤害，建议不要再如此待你，也可以对他（她）直接阐述道理，这样做时言词应中肯，切忌使用过激言词，这样不利于形成融洽的人际关系。

练习与提高

1. 公民的基本道德规范包括哪几点？
2. 家政服务员的职业守则是什么？
3. 家政服务员的职业警言是什么？
4. 初到用户家时，家政服务员应做到哪些了解和主动？
5. 入户工作时，家政服务员在个人行为方面应注意什么？

第三章 家政服务员交际礼仪

常用的文明用语：

与人相见说"您好"
求人办事说"拜托"
向人询问说"请问"
中途先走说"失陪"
送人远行说"平安"

忌用不礼貌用语：

一忌无称呼用语
二忌"嗨""喂"称呼人
三忌非善称叫人
四忌蔑视斗气语

学习目标

通过上一章的学习，我们了解了家政服务工作的道德规范，下面大家要学习的是工作中的交际礼仪。

1. 家政服务员的日常文明用语
2. 家政服务员的体态语言
3. 家政服务员的仪表仪容
4. 家政服务员的礼貌礼仪

第一节　家政服务员的日常文明用语

一、语言规范要求

说话诚实	不虚假、不浮夸、不随意乱说。
语义准确	语义表达要准确明了，切忌啰唆重复。
音量适中	使对方能听清即可，切忌大声说话。
语速适中	语速适中，避免连珠炮式讲话。
表情自然	表情要自然、亲切，面带微笑，目视对方眼鼻三角区，以示尊重。

称呼得体	在人们的日常交流中，"称呼"十分重要。它表达了对人的尊敬，反映了人们之间的相互关系。称呼是给人的第一印象，称呼使用得当，能使双方产生心理上的愉悦，交际就会顺利。如果称呼不当，很可能造成误会，甚至引起不必要的麻烦。因此，不能小看如何称呼他人的问题。 称呼要得体，要符合自己的身份。家政服务员在用户家里应把用户看作自己的亲人，在称呼上应按年龄、辈分称呼用户家的成员，如年轻的夫妇可称大哥、大姐，年长的可称伯伯、叔叔、姑姑、阿姨，并注意随用户称呼他们的长辈和亲友。

二、文明用语示例

问候语	用于见面时的问候。如"您好""早上好""欢迎您""好久不见，您好吗？"等，这种问候语要亲切自然、和蔼微笑。
告别语	用于分别时的告辞。如"再见""一路平安""您走好""欢迎您再来"等，这种告别语要恭敬真诚、笑容可掬。
答谢语	用于向对方的感谢。如"非常感谢""劳您费心""感谢您的好意"等，这种答谢语要诚恳热情，目视对方。如表示向对方的应答可回答"不必客气""这是我应该做的""感谢您的提醒"等。如表示拒绝时，要说"不，谢谢"而不能说"我不要""我不喜欢"。
请托语	用于向别人请教时。如"请问""拜托您""帮个忙""麻烦您关照一下""请等会儿"等，这种请托语要委婉谦恭。
道歉语	用于自己做错事向对方道歉。如"对不起""实在抱歉""请原谅""失礼了""真过意不去""对不起，完全是我的错"等，这种道歉语态度要真诚，不能虚伪。
征询语	用于向别人询问时。如"需要我帮忙吗？""我能为您做些什么？""您有什么事吗？""这样会打扰您吗？""您需要什么？"等，这种征询语要让对方感到关心人体贴人。
慰问语	用于表示对别人的关心。如"您辛苦了""让您受累了""您快歇会吧"等，给人一种善良热心的好感。
祝贺语	用于表示对别人成功或喜事的祝贺。如"恭喜""祝您节日快乐""祝您生日快乐"等，以表示真诚的祝福，深厚的友谊。

三、日常忌讳用语

（一）忌用不礼貌用语

一忌无称呼用语，如"那个穿红大衣的"；二忌用"嗨""喂"称呼人，如"嗨，靠边点""喂，帮个忙"；三忌不用善称叫人，如"老头儿""老太太"；四忌蔑视语、烦躁语、斗气语，如"别挡道""你找谁""不行就算了"，可改用"请您让一下""您找哪一位""如果觉得有困难就不麻烦了"等。

（二）避忌讳的言语

首先是对表示恐惧事物的词的避讳。比如关于"死"的避讳语相当多，就是与"死"有关的事物也要避讳，如"棺材"说"寿材""长生板"等。

其次是对谈话对方及有关人员生理缺陷的避讳。比如现在对各种有严重生理缺陷者通称为"残疾人"，是比较文雅的避讳语。

最后是对道德、习俗不可公开的事物行为的词的避讳。比如把到厕所里去大小便叫"去洗手间"等。

家庭小贴士

常用的文明用语

与人相见说"您好"	问人姓氏说"贵姓"	向人询问说"请问"
请人协助说"费心"	请人解答说"请教"	求人办事说"拜托"
麻烦别人说"打扰"	请人谅解说"包涵"	希望照顾说"关照"
向人祝贺说"恭喜"	等候别人说"恭候"	老人年龄说"高寿"
言行不妥"对不起"	迎接客人说"欢迎"	宾客来到说"光临"
客人入座说"请坐"	无法满足说"抱歉"	得人帮助说"谢谢"
临分别时说"再见"	中途先走说"失陪"	送人远行说"平安"

第二节 家政服务员的体态语言

家政服务员应做到举止得体，端庄文雅，自然大方，这是在日常工作中一点一滴地培训、积累起来的，只要有意识地锻炼和培养，任何一个人都可以做到。

体态语言主要分为手势语言、面部语言、头部语言和眼神语言，家政服务员应学会正确使用。

一、手势语言

手势是体态语言中最常用的，它千变万化，表达的意思极其丰富。手是最灵活的器官，又是最容易表现一个人素质和修养的部位，因此，家政服务人员应该特别注意手势及其所代表的意义。下列几点是我们应该禁止的。

指指点点	我们用手指方向、指东西什么的，可以用一根指头或若干根指头，但如果要指人，千万不能用手指头，这是人们很忌讳的，可以用整个手掌或手心向下。 在工作之中，不允许家政服务人员随意用手指对着别人指指点点。与别人交谈时，尤其不可以这么做。用手指指别人，本来就失之于恭敬，假若用手指指点对方的面部尤其是其鼻尖，则对对方更是不恭不敬。
随意摆手	在接待服务对象时，不要随便向对方摆手。即不要将一只手臂伸在胸前，指尖向上、掌心向外地摆动手臂。这些动作的一般含义是拒绝别人，有时，还有极不耐烦之意。
端起双臂	双臂抱起，然后端在自己身前这一姿势，往往暗含孤芳自赏、自我放松，或是旁观他人、置身事外、看其笑话之意。服务人员若是在服务对象面前有如此表现，自然令其心生不快。
双手抱头	有人有事没事都喜欢将单手或双手抱在脑后。这一体态的本意，也是自我放松。在服务工作中这么做，显然会给人目中无人之感。

摆弄手指	反复摆弄自己的手指，要么活动其关节，要么将其捻响，要么莫名其妙地攥拳松拳，或是手指动来动去，时常会给人以歇斯底里之感，叫人对其避之不及，望而却步。
手插口袋	在工作中，若是将一只手或双手插放在自己的口袋中，不论其姿势是否优雅，通常都是不允许的。因为这种表现，会使服务对象觉得你忙里偷闲，在工作方面并未竭尽全力。
搔首弄姿	搔首弄姿，在此是指在工作岗位上整理自己的服饰，或为自己梳妆打扮。如果当众这么做，会给人以矫揉造作、当众表演之感，还会令人觉得自己不够专心致志。
抚摸身体	在工作时，有人惯于抚摸自己的身体。摸脸、擦脸、搔头、剜鼻、剔牙、抓痒、搓泥、抠脚，往往无所不用其极。这种人给别人的印象，是缺乏公德意识，不讲究卫生，不注意维护个人形象，自身素质极其低下。

二、面部语言

面部表情也是体态语言中最常用的一种，它变化多端和表达丰富的含义完全可以与手势媲美。我们常用的有微笑、大笑、眨眼、瞪眼、变脸色、努嘴、吐舌、呷嘴、撇嘴、咬牙、抿嘴等。家政服务工作中，不同的面部语言可以显示出我们不同的工作态度。

三、头部语言

头的动作相对来说比较简单，有点头、摇头、低头、抬头、仰头等，表达的意思也比较单纯，一目了然。点头要根据情况和对象，有的是微微点一下头，有的是深深点一下头，有的是点一下，有的是点几下，传达的意思是有区别的。

四、眼神语言

眼神即目光，它在体态语言中具有极其重要的地位。什么意思都可以传达，极其迅速，因为人们的心是相通的。

在礼仪修养中，我们提倡用平和的目光与人们交流。所谓平和就是平视，就是用温和的目光看待人。包括下列含意：一是用平等的态度和目光对待人；二是用平常的心态和目光看待人；三是指目光的位置平视过去，一般个子的人正好是对方的脸部。忌讳斜目而视。如果是在一两米的近距离范围内，扫视别人的目光不能超过三秒钟，否则别人就会产生疑心或反感。

五、语言的综合使用

在运用过程中，口头语言和体态语言综合使用的机会和次数要比单独使用多得多，不同的体态语言也会经常配合使用。

家政人员在使用上述语言时要特别注意下面几点：

一是精神状态要保持平静、积极、向上，能较好地体现出自己内在的气质、修养、情操和性格特征。

二是整个身体要保持端庄、稳健、大方、自然，给人一种持重的感觉。

三是表达要简洁、自然、协调、恰当，尽量不要令人有繁琐的感觉或多余的举动。

第二节 家政服务员的仪表仪容

家政人员工作的环境是在家庭之中，工作的性质决定了他的仪表仪容会影响家庭成员的心态和情趣。家政服务员必须以得体大方的着装、整洁文明的仪表，使自己的形象符合现代职业的要求。

一、着装选择

穿着得体，能赢得他人的信赖，给人留下良好的印象。家政服务员要穿戴得体，努力做到整齐、清洁、大方、美观。

着装要与工作角色相适应。家政服务员在服装选择上首先要考虑与自己的工作角色和经济能力相适应，与所在的环境、氛围相适应，以方便自己工作为原则。

每个人对家庭环境的最大期望就是"舒适"，因为只有在舒适的家庭里休息好，才能获得工作和事业所需要的充沛精力。这就要求家政服务员在用户家中的服饰应体现出轻松、和谐、舒适来，款式简洁、方便行动的便装就比较合适，穿着这样的服装在用户家工作，会使你增强信心，也会使旁人对你多几分好感。而过于坚挺刻板、过于繁杂啰唆、过于亮丽新颖、过于时髦超前的服饰，或与工作角色不适应的服饰都不宜选择。

家庭小贴士

忌不礼貌行为

切忌在他人或食物面前打喷嚏，咳嗽，可侧身避开，并用面巾纸或手遮掩。

不得在他人面前整理自己的衣物，如穿脱衣服、整理内衣、提袜子或放鞋垫。

不得在他人面前梳妆打扮，如梳头、抖头皮屑、描眉、抹眼、涂口红。

不得在他人面前摸脸、搔头、抠鼻孔、剔牙、挖耳朵、搓泥垢、抠脚、修指甲等。

二、工服要求

（1）既要符合自己身体特点，又要便于工作。

（2）颜色应以深色为宜，不要有饰物。

（3）夏季可穿短袖衫，冬季可穿长袖衬衣或毛衣。

（4）力求利落，以方便、安全为首选。

（5）要经常洗涤保持整洁。

（6）应注意实用价值，如结实、耐洗涤、吸汗、便于工作安全、性能好等特点。

三、着装要求

（1）内、外衣服要经常更换清洗，尤其要经常更换内衣。夏季衣服、袜子要每天换洗。其他季节也要经常更换、刷洗、晾晒鞋袜，以保持鞋袜清洁没有气味。

（2）在从事家务劳动时可以根据具体工作情况，准备一些辅助衣物，如围裙、套袖，头上可戴帽子，也可以扎一块方巾。

（3）护理病人或婴幼儿的家政服务员最好能够穿着专用服装，那将更加妥当。

（4）如果用户要求在室内活动必须穿拖鞋，那么家政服务员就要配穿袜子，否则光着脚或露出脚趾从事服务工作是不礼貌也是不雅观的。

（5）鞋要经常保持光亮整洁。应该选择透气良好、干净、有弹性、柔软、舒适的鞋。最好是无鞋带、一脚套、无响钉的平跟鞋、低坡鞋或船鞋。

（6）遇到节日或用户家有客人到来时，可换上整洁美观的服装。

四、着装要点

家政人员的着装必须外观整洁。任何服装，在正常情况之下，都应当以其外观整洁与否作为评价它的首要指标。家政人员的着装不够整洁，主要表现为下述几种情况。

布满折皱	衣服脱下后随手乱丢，使之折痕遍布，皱皱巴巴，定然十分难看。
出现残破	衣服如果出现挂破、扯烂、磨透、烧洞，或者纽扣丢失等，则极易给人工作消极，敷衍了事的印象。
遍布污渍	家政人员在工作中难免会使自己身着的正装沾染上一些污渍。例如，油渍、泥渍、汗渍、雨渍、水渍、墨渍、血渍等。这些污渍会给人以不洁之感，需及时清洗。
沾有脏物	与遍布污渍相比，正装上沾有脏物，也非常不妥。
散发异味	若家政人员浑身上下异味袭人，则会多有妨碍。

五、着装禁忌

家政服务人员在工作时要显示出自己的文明气质，着装要防止触犯下述五个方面的禁忌。

过分裸露	家政人员工作的性质决定了不宜过多地暴露身体。胸部、腹部、腋下、大腿，是公认的不宜外露的四大禁区。脚趾与脚跟，最好也不得裸露。
过分透薄	家政人员尤须高度重视这一方面的问题，否则会使被服务对象产生某种错觉，甚至可能引火烧身，无意之中遭受轻薄之徒的"性骚扰"。
过大过小	家政人员的服装应大小得体，便于活动，符合家政员职业特点。若是过分肥大，会显得着装者无精打采，呆板滑稽。若是过分瘦小，则又有可能让着装者捉襟见肘，工作不便。
过分艳丽	家政人员的服装色彩不宜过多、过艳，其图案不宜过于繁杂古怪。最好是深色，不带任何图案。如果反其道而行之，图案过于艳丽花哨，令人眼花缭乱，便会给人以轻薄、浮躁之感。
鞋袜不配	袜子的颜色应与鞋子的颜色和谐，以黑色为普遍。 家政人员如果穿着裙式服装，一般应当穿皮鞋或是布鞋，此时此刻，若是穿上一双旅游鞋，是极不般配的。 在为自己选择袜子时，必须要优先考虑袜筒的高度。身着裙式服装时，宁肯不穿袜子，也不允许穿上一双高度低于裙摆，可能会使自己的腿肚子暴露于光天化日之下的袜子。

六、日常卫生

家政服务员的工作场所是在用户家中，用户都希望其讲卫生、爱清洁，具有良好的卫生习惯。因此，塑造个人形象的第一步就是打理好个人卫生，养成良好的卫生习惯。

（一）头发

（1）勤洗头发。防止出现头皮屑，头发粘连，头发过于油腻等情况。及时清洗，保证头发干净。

（2）勤梳头发。蓬乱的头发让人感觉没有精神，也有邋遢之嫌。经常梳头，可让头发整齐、美观。

（3）勤修剪头发。女性头发一般一个月要修剪一次，头发不宜超过肩部，最长不可超过腰部。

（4）保持整齐光洁。不使用浓烈气味的发乳；不留披肩发，长发的家政服务员工作时应把头发梳成发辫；做饭时最好戴上帽子，防止头发或头屑掉落饭菜之中。

（二）面部

（1）保持面部清洁卫生首先要做到勤洗脸。洗脸可用清水擦拭，也可使用香皂、洗面奶等清洁用品深层去污，保护皮肤。

（2）尤其注意眼部清洁，不得带眼屎。

（3）可化淡妆，不要浓妆艳抹，不可使用浓烈气味的化妆品。

 家庭小贴士

> 个人形象的好坏，直接影响到别人对你的印象。家政服务员要经常保持微笑，表情要和蔼可亲。真诚地服务，能使用户产生亲切感、温暖感、诚实感、留恋感。

（三）口腔

保持口腔清洁，无异味。饭后漱口，忌吃大葱、大蒜、韭菜等会产生较重气味的食物。同时，要做到早晚刷牙，可清除口气，保持口腔健康。

（四）手部

由于手要直接接触食品、物品，家政服务员在工作中应注意手部卫生。

（1）勤洗手，必要的时候要用洗手液或肥皂，保持干净卫生。

（2）家政服务员在做饭、接触食物、接触婴儿之前一定要洗手。

（3）尤其是去过洗手间后，切记洗手。

（五）指甲

手指甲和脚趾甲应保持短而洁。家政服务员每周都要修剪一次指甲。若指甲过长，除藏污纳垢外，也容易伤到他人或自己。不涂指甲油。

（六）身体

家政服务员应注意保持身体卫生清洁，经常洗澡，不令身体有汗味及其他异味。

七、站立姿态

正确优美的站姿应该是：两足分开 20 公分左右的宽度距离，或者两足并立在一起，但不要太贴近，以站得稳当为好。女士们可以把两个脚后跟并在一起，双腿微曲，收腹，挺胸，两肩平行，双臂自然下垂，头正，眼睛平视，下巴微收。

经常可以看到有人站立时把双手交叉抱在胸前或背在身后，这些动作会给人一种傲慢的感觉；有些人站在那里，总爱在手里捏弄什么东西，像有辫子的姑娘手里总爱抓弄自己的辫子，给人以没有自信力或羞怯、胆小、不自然的感觉；有的人站在那里常常歪斜着身子，或晃动着腿或脚，这些都是习惯性的不优雅的站姿，应予以改正。

八、走路姿态

最能体现一个人精神面貌的姿态就是步姿。走路大方，步子有弹力及摆动手臂，显示一个人自信、快乐、友善、积极向上；走路时拖着步子，步伐小或速度时快时慢则相反。

喜欢支配别人的人，走路时倾向于脚向后踢高；性格冲动的人，就像鸭一样低头急走；而拖着脚走路的人，通常是不快乐或内心苦闷。

第（四）节　家政服务员的礼貌礼仪

一、待客礼仪

怎样接待来宾，既有学问，也有艺术，这是家政服务员经常遇到的事情。只要掌握了待客基本礼仪的一般程序，就掌握了迎宾待客的基本方法。把宾客接待好，不仅客人高兴，用户也显得体面，同时还显示了自己有教养、有知识、讲文明、懂礼貌，否则会使人感到缺乏现代意识。

（一）接待礼仪

用户家里有客人来访，应提前做准备。服饰要整洁，家庭布置要干净美观，水果、点心、饮料、菜肴等要提前备好。

见到客人，应热情招呼，让进屋内。若室内未清理，应致歉并适当收拾，但不宜立即打扫，因为打扫有逐客之意。

客人进门时，可接过其衣帽、雨具或示意放置位置。如果客人手提重物，应主动帮忙，对长者或体弱者可上前搀扶。

（二）服务礼仪

要面带微笑，步履轻松，不能有疲惫心烦之相。遇到用户家里的客人，要打招呼，然后再去干自己的事。

为客人倒茶时，每杯茶以斟杯高的 2/3 为宜，双手捧上放在客人的右手上方，先敬尊长者。

客人讲话时，要善于聆听，不轻易打断别人的发言。应目光注视对方，以示专心，不能左顾右盼、看手表、伸懒腰、双臂交叉或双手插在兜里，显出漫不经心的样子。自己讲话时，要配以适当的表情和手势，但不要手舞足蹈，拍拍打打，或用手指指人，腿和脚不要乱跷、摇晃。

如果客人需要在用户家里等待，可提供报纸杂志、打开电视供客人消遣，切不可出现只管自己忙，把客人晾在一旁的现象。

（三）送客礼仪

如需代用户送客，应送到电梯口、楼下、大门口或街巷口，切忌跨在门槛上向客人告别或客人前脚一走就"啪"地关门。应挥手致意，目送客人远去。分手告别时，应招呼"再见"或"慢走"。

二、接物礼仪

（一）手持物品的礼仪

在工作中，家政服务员经常帮助他人手持某种物品。家政服务员在持物服务时，对于稳妥、自然、到位、卫生等四方面的问题，应给予高度关注。

稳妥	手持物品时，可根据其具体重量、形状以及易碎与否，采取不同的手势。既可以双手，也可以只用一只手。但是，最重要的是确保物品的安全，尽量轻拿轻放，同时也要防止伤人或伤己。
自然	手持物品时，家政人员可依据本人的能力与实际需要，酌情以拿、捏、提、握、抓、扛、夹等不同的姿势。不过一定要避免持物的手势夸张，失之于自然美。
到位	有不少物品，在需要手持时，应当将手置于应放之处，这就是持物到位的含义。例如，箱子应当拎其提手、杯子应当握其杯耳、炒锅应当持其手柄。持物的手部未能到位，不但不方便，而且也很不好看。
卫生	持物之时，卫生问题不可不察。为人取拿食品时，切忌直接下手。敬茶、斟酒、送汤、上菜时，千万不要把手指搭在杯、碗、碟、盘边沿，更不能无意之间使手指浸泡在其中。

（二）递接物品的礼仪

在工作中，递送或接取物品，都是家政服务员必须认真练好的基本功。递送物品时，应注意下列礼仪。

双手为宜	接取物品时，应当目视对方，而不要只顾注视物品。可能时，双手递物于人最佳。不方便双手并用时，也要采用右手。以左手递物，通常被视为失礼之举。
递于手中	递给他人的物品，以直接交到对方手中为好。不到万不得已，最好不要将所递的物品放在别处。
主动上前	若双方相距过远，递物者理当主动走近接物者。假如自己坐着的话，还应尽量在递物时起身站立为好。
从容接物	当对方递过物品时，再以手前去接取，而切勿急不可待地直接从对方手中抢取物品。
方便接拿	服务人员在递物于人时，应为对方留出便于接取物品的地方，不要让其感到接物无从下手。将带有文字的物品递交他人时，还须使之正面面对对方。
尖刃内向	将带尖、带刃或其他易于伤人的物品递于他人时，切勿以尖、刃直指对方。合乎服务礼仪的做法，是应当使其朝向自己，或是朝向他处。

三、见面礼仪

见面时，要表现出敬重和友好的心意，要掌握握手、鞠躬等礼节。

（一）握手礼

握手除了有问好的意思之外，还有祝贺、感谢、慰问、相互鼓励的含义。握手时要自然，握得松紧适度，身体稍微向前弯曲，面带微笑，目光注视对方。既要表现热情、诚挚的态度，又要表现出自尊自信。

不要用左手与别人握手，也不要戴着手套与别人握手；握手时不要心不在焉，目光到处乱看；不要在别人手臂上方或下方交叉握手。

（二）鞠躬礼

鞠躬礼源于中国。在先秦时代就有"鞠躬"一词，当时是指弯曲身体之意，代表一个人的谦恭姿态，并未形成一种礼节形式。后来逐渐演变成一种弯身的礼节，表示内心的谦逊恭谨。在国际交往中也经常施鞠躬礼。此种礼节一般是下级对上级，或同级之间初次相见的礼节。

四、通话礼仪

电话是现代家庭通讯联系的工具，家政服务员接打电话是日常之事，必须掌握一些基本礼仪。

（一）接听电话

及时接听	电话铃响要立即停止、处理好手头工作，马上接听电话。一般以铃响三次拿起话筒为最好时机。
先要问好	拿起话筒，首先向对方问好，如："您好""您找哪位？"切记拿起电话直呼："喂、嘿。"如果用户不在家，在接电话时，应友好地问："对不起，他不在，需要我转告什么吗？"
礼貌应答	通话时，要仔细地接听，不能与他人交谈，或者吃东西等。咬字要清晰，避免出现方言较浓的普通话。通话完毕后，向对方道一声"再见"。
尊重隐私	代接电话时，对方如果不主动说与用户的关系，切不可询问其相互间的关系。当对方希望转达某事给用户时，要及时传达所传之人，千万不能随便散播。别人通话时，不要旁听，更不能插嘴。
记忆准确	代接电话时，对方要求转达的具体内容记录正确，免得误事。
传达及时	如果答应对方代为传话，要尽快落实，不要轻易把自己转达的内容转托他人，这样不仅容易使内容走样，而且有可能会耽误时间。

（二）拨打电话

（1）打私人电话，尤其是长途电话，或要打收费电话，应先向用户说明得到允许后再打。

（2）通话之初，要亲切地问一声"您好！"

（3）通话简明扼要，长话短说，直言主题。

（4）通话时间以短为佳。一般限定在三分钟之内，尽量不要超过这一限定。

（5）通话时，多用礼貌用语"您好""谢谢""请""麻烦""劳驾"。

（6）若拨错了电话号码，一定要对对方表示歉意，不要一言不发，直接挂断。

（7）通话时举止要文明。不要把话筒夹在脖子下；不要趴着、仰着、坐在桌角上；不要高架双腿在桌子上。拨号时，不要以笔代手，通话时，不要嗓门过高，终止通话后轻轻地放下话筒。

（8）通话结束时，必须先说一声"再见"。

家庭小贴士

态度基本要求——主动、热情、耐心、周到。

主动即主动问候，主动服务，主动征求意见。

热情即笑口常开，语言亲切，处处关心。

耐心即要有"忍耐性"和"忍让性"，在繁忙时不急躁、不厌烦；遇到用户不礼貌时，不争辩、不吵架，保持冷静，婉转解释，得理让人。

周到即服务工作面面俱到，完善体贴，细致入微，想用户所想，急用户所急，千方百计帮助用户排忧解难。

五、出行礼仪

（1）右为大，左为小。

（2）二人同行，右为尊；三人并行，中为尊；三人前后行，前者为尊。

（3）进门、上车，应让尊者先行。

（4）上楼时，尊者、妇女在前；下楼时则相反。

（5）上车时，尊者由右边上，其他人等尊者上车后，自己再由车后绕到车左边上车，坐在尊者左手位。

六、用餐礼仪

（1）如果是卫生筷子，切勿将两只筷子相互摩擦去除木屑，以免有碍观瞻。

（2）碗里的汤要趁热吃。

（3）个人盘内所盛的菜、饭要尽量吃完。

（4）即使筷子无法夹起的菜，也不可用手帮忙。

（5）碗里的饭未吃完时，不要再去添饭。

（6）如果需要请人添饭，要双手去接碗。

（7）用餐时说话要轻声。

七、备茶礼仪

（1）更换茶饮用具时，应使用托盘。

（2）拿取茶杯、茶碗要拿杯把、碗把，拿取水杯时要拿杯的底部。

（3）拿取茶具时手指不应触及茶具内壁。

（4）茶碗、水杯不可摞在一起拿。

（5）提取暖瓶时，倾斜度不应超过 15 度，以免将水洒落在地毯上。

（6）摆放茶碗时，应将茶碗放在茶碟上。

（7）家政员要注意保持水质清新，不允许有水碱沉积。

八、不同宗教礼仪禁忌

尊重宗教禁忌，是保持人际关系和谐与民族团结的一个条件。只有尊重用户的宗教习惯，才能得到用户的尊重，有助于家庭服务工作的开展。

（一）佛教的禁忌

佛教以慈悲为怀，忌杀生，讲因果，做善事，尚惜福。严格的佛教徒吃素，不食任何动物的肉，并且不吃葱、蒜、韭菜、香菜。如果有家庭成员要吃肉，也要吃"三净肉"，即"不亲自杀，不为己杀，不亲眼看见杀"的肉。佛教徒一般都崇尚节俭惜福，浪费东西、食物，他们会很心疼。不要把剩饭倒掉，不要随便浪费东西。待人要亲切友善，多存善心，去恶心，才能够赢得用户的尊重。

（二）道教的禁忌

在饮食方面，道教养生之道的一个很重要的内容就是饮食禁忌。道教特别强调对于酒、肉及五辛之菜等的禁绝。农历初一、十五及道教节日期间，虔诚的道教徒一般都要素食。

和道教人士交往也有一些礼仪应该注意。同他们打招呼，不能用佛教的"合十"礼仪，而要用"拱手"礼仪。拱手就是两手抱拳。

（三）伊斯兰教的禁忌

伊斯兰教在饮食方面的禁忌限于如下四种东西：自死物、溢流的血、猪肉和"诵非安拉之名而宰的动物"。虔诚的穆斯林每天都要面向圣城麦加方向礼拜五次，要注意避开他们朝拜的方向。穆斯林忌讳用左手给人传递物品，特别是食物。

（四）基督教（新教）的禁忌

基督教信徒饮食习惯最明显的特点是不吃血、动物内脏和部分水产品，勒死的牲畜也在基督教禁食之物之列。看相、算命、占卜和占星术（星象学）等类也为基督徒所禁止。

家庭小贴士

> 家政服务员一定要了解自己所服务的家庭是否有宗教信仰。如果有的话，要充分尊重，并认真学习和了解该宗教信仰的饮食习惯和风俗礼仪，使自己的工作符合用户家庭宗教信仰的要求。

（五）天主教的禁忌

天主教会最大的禁忌应该是偶像崇拜。偶像崇拜的范围很广，也包括：迷信、占卜巫术、试探天主、亵圣等与此相关的罪恶。

天主教会为纪念耶稣基督在十字架上圣死，以及他舍身赴义的精神，制定了守斋的规则，即大斋与小斋。小斋，即素食，就是在星期五这一天，禁忌吃猪、牛、鸡、飞禽、羊的肉，即热血动物的肉。但水族的肉、鱼虾等可以食用。大斋是教会规定于每年复活节前40天内守的斋，故称封斋月。每年在圣灰礼仪日和耶稣受难日，凡年满18周岁至60岁的信友都必须守大斋。大斋日这天午餐可吃饱，早、晚可按本地习惯吃少许点心。信友因某种原因不能守斋的，可请求"豁免"，如孕妇或哺乳婴儿的妇女可以不守大斋。

服务案例

称呼不当　好心遭冷遇

　　王霞是个开朗热情的姑娘，到这个小区做家政服务才一周，就和周围的邻居很熟悉了。

　　每天上午，她都要到市场上去买菜，看到邻居，她总是主动打招呼："吃了吗？"

　　只要她一开口，大爷大妈们都对着她笑，她挺得意的。

　　不过，今天，她的主动热情却遭到了冷遇。

　　原来，在市场上，她看到前面一个买菜的人，推着自行车，一捆菜掉了下来。

　　她急忙捡起来追着喊："喂！穿白背心的！你的菜掉了！"

　　她的大嗓门让很多人都回过头来看她。掉菜的人也发现了，但是，他冷冷地看了王霞一眼，接过菜，说："你瞎喊什么！"

　　说完，径自走了。

　　"嘿，什么人啊！连声谢谢都不会说，真没礼貌。"王霞不满地对大爷大妈们讲起这事，又招来一阵笑声。

博士点评

　　在人们的日常交流中，"称呼"十分重要。它表达了对人的尊敬，反映了人们之间的相互关系。称呼是给人的第一印象，称呼使用得当，能使双方产生心理上的愉悦，交际就会顺利。如果称呼不当，很可能造成误会，甚至引起不必要的麻烦。因此，不能小看如何称呼他人的问题。

着装不当 上不了厅堂

家政服务员萍萍在厨房里忙碌着，满头大汗。

今天，用户家里有客人来，早上五点萍萍就起来了，连睡衣都来不及换，就收拾客厅、择菜，一直到11点多了，她连脸都没来得及洗。

用户两口子去接客人回来了。

萍萍赶紧把泡好的茶端出去。

谁知道，刚走到客厅门口，眼尖的女主人就发现了她，快步走过来，又把她拽回了厨房。

女主人看到准备就绪的饭菜，满意地点点头。但她转身对萍萍说："你就在厨房里，不用出去了。千万别让客人看到你。"

"哦"。萍萍答应着，心里却充满了委屈。自己忙活了几个小时，居然被关在厨房里，难道自己见不得人么？

博士点评

家政服务员工作的主要场所是在家庭中，着装不必要求非常正规，但是穿着也不能过于随便，要求卫生整洁，要注意在用户和宾客面前的形象。

家庭博士答疑

家政服务员为什么要学习礼仪呢？

在人际交往过程中的行为规范称为礼节，礼仪在言语动作上的表现称为礼貌。不论你在什么场合，都得讲"礼"。不懂礼仪，会让你处处"献丑"，礼仪的表现需要细节，细节的拿捏需要智慧，很多时候一个小小的动作往往却能给人留下难忘的印象。

练习与提高

1. 家政服务员日常文明用语分为哪几种?

2. 家政服务员手势语言的禁忌有哪些?

3. 家政服务员的着装要求与着装禁忌有哪些?

4. 有客人到用户家,家政服务员该怎么做?

5. 家政服务员在用餐时应注意些什么?

第四章 家政服务员安全防范

在学习安全防范的本领之前，我们先来了解一下本章的知识点。

1. 掌握自我安全防范要点
2. 掌握安全事故防范要点

第一节　自我安全防范

家政服务员要树立自我保护的防范意识，对不良行为要提高警惕，不畏强暴，敢于同坏人坏事作斗争。面对坏人的拉拢和引诱，应该及时加以识破并采取预防措施；学会报警；假如不幸被坏人欺负或诱骗，应尽量使自己保持平静，要想清楚眼前所发生的事情，正确处理。

一、独自在家

当自己单独在用户家时，除应积极主动地完成工作以外，还有一项重要的任务就是为用户看护好家庭财产，保障用户的家庭财产不受侵害。

（1）在用户离家后，应当锁好门。

（2）若有人来访，不要急于开门，应先问清来访人是谁，和用户是什么关系，因何事来访。

（3）如果来访的是不认识的人，或用户事先未交代，应礼貌拒绝，并记录联系方式通知用户。

（4）若是曾经来过用户家中的客人，可以很客气地告诉他用户现在不在，并告知他用户何时回来，待用户回来后再请他光临，或让他留言。

（5）如用户交代的客人到访，问清情况后，应热情接待，客人未走且用户未回时，家政服务员不要离开房间。

（6）若遇有人来给用户送东西，一般情况下可以拒收，特殊情况应问清情况并留下来访者姓名及工作单位，同时将物品当面点清，妥善保管，待用户回来后立即交给用户。

（7）若是自己单独在家中遇到查电表、水表、煤气的同志来，而你确实认识他，你可以将表字抄好后交给他，但一定不能让他进屋，若你对他一点也不认识，你可以很客气地说："对不起，我是他们家中的服务员，这些事情我不清楚，你还是等他们回来再来吧！"

（8）如果有不认识的人来用户家取物品，用户又未交代，必须给予拒绝。若是用户交代将有某人于某时来取东西，当客人来时要主动热情地接代，但若客人未走，自己切忌离开。

（9）用户家中无人的时候，不要让自己的朋友、老乡进入用户家中，以防出现意外情况。

二、陌生人叫门

有的歹徒谎称自己是推销员、修理工或是家人的朋友等，骗家政员开门，闯入室内实施不法行为。若遇到陌生人敲门该怎么办？

（1）有陌生人叫门时，应查明其身份和来意，再决定是否开门，防止歹徒破门而入。

（2）当一个人在家时，可以大声呼叫其他人的姓名，问他是否认识敲门的陌生人，如果门外是歹徒就有可能被吓跑。

（3）万一有歹徒闯入室内，在还没有关门的时候，可立即跑到门外，大声向邻居呼救求助。

（4）在楼道或门口遇到陌生人时，要保持警觉，不要与陌生人同时进楼或在其面前打开家门，防止歹徒突然闯入。

三、家庭盗窃

（一）家庭防盗

（1）出入公共防盗门要随手关门，不要擅自将公共防盗门的钥匙借给他人，也不要随便为不认识的人开启防盗门。

（2）睡觉、出门关严门窗。反锁防盗门，关好窗户，尤其要注意关好厨房、厕所、阳台的窗户。四楼以下夏季切忌开着窗户睡觉。

（3）贵重物品及衣物应该远离窗口，防止盗贼从窗口"钩钓"盗窃。

（二）外出回家时遇盗

如果发现门开着或是门锁被撬坏，要立即警觉起来，应想到家里可能进了小偷。迅速采取以下正确的应对措施：

（1）不可立即冲进室内，要先观察一下室内是否有异常情况。

（2）如果发现小偷正在行窃，千万不要大喊大叫，要先报警，马上找来邻居或保安人员，将小偷扭送派出所。

（3）如果发现小偷正在逃离，可呼叫周围的人一起抓小偷，同时记住小偷的特征和逃离去向。如果小偷是开车来的，要设法记下车牌号码，及时向公安机关报告，协助破案。

（4）如果小偷作案后已经逃跑，要立即报警，注意保护现场，并及时通知用户。

（三）被盗现场的保护

如果发现用户家中被盗，要注意被盗现场的保护：

（1）不要收拾、清理家中的物品。

（2）不要在室内随意走动，并注意不接触门把手和锁具，以免破坏有价值的指纹、脚印。

（3）对盗贼遗留下来的痕迹、物品，应用绳索圈围警戒，重点保护。

（4）阻止旁观人触摸、接近现场，以免现场被破坏。

这些事情做好后，等待警方来勘察现场。要知道，这些保护措施对于案件侦破，追回财产损失都是大有帮助的。

（四）遇到入室抢劫

遇到入室抢劫，如果应对不当，就可能使歹徒得逞，甚至使自己受到伤害。如果镇定自若地与歹徒巧妙周旋，则有可能自救。

（1）不要惊慌失措，要冷静思考对策，注意自我保护。特别是面对持刀行窃的歹徒，在个人力量薄弱的情况下，尽量不要单独与其正面冲突，以免受到伤害。

（2）告诉歹徒自己的用户正在外出买东西，很快就会回来，或以其他方法警告歹徒，使其心慌，不敢久留。

（3）如果在案件发生时认出歹徒，千万不能当面指认，以免歹徒因怕被抓捕而行凶灭口。

（4）观察歹徒的行为举止，如遇到蒙面歹徒，要记下歹徒的身高、衣着、口音、举止等特征，为公安机关提供破案线索。

（5）案发后应尽量回忆案发前遇到的可疑人、可疑事，比较歹徒和自己周围熟人的口音、举止、体貌特征等是否相像。

（6）为确保人身安全，可放弃财物。

（7）如果夜间遭遇入室盗窃，切忌立即起身查看甚至开灯。可以咳嗽几声，故意大声说"谁呀"之类的话，或用手机悄悄拨打110报警，千万不可一时冲动，造成不必要的人身伤害。

四、性骚扰

性骚扰的问题多发生在家政服务员入户彼此相处一段时间后。性骚扰一开始都是试探性的，家政服务人员是否会受到性伤害，在某种程度上来说，取决于家政服务员本人当时的表现和应对能力。性骚扰的现象是存在的，但是如果家政服务员具有良好的思想道德品质，保持清醒的头脑，有强烈的自我保护意识，有妥当的应对方法，任何不良企图都难以实现。

（一）筑起思想防线，提高识别能力

家政服务人员首先要做到：不贪图钱财，不爱慕虚荣，不轻信，不要心有它图。只有自己在思想上牢固树立起一道防线，别人无法打开你

安全防护的大门。

　　如果有人用小恩小惠对你进行引诱、给予与劳动不符的高额报酬、偏袒明显过失、放纵不良行为和嗜好、用甜言蜜语奉承你漂亮美貌、带你出入高档消费场合展示他的财富，或用为你安置工作、与你结婚、为你办理城市户口等不切实际的承诺、许愿来诱惑你，家政服务员应保持高度警惕，不要被假象和眼前的利益蒙住双眼，对过分的热情与馈赠应坚决回绝，否则，一失足会造成终身遗憾。

（二）自尊、自重是自我保护的关键

　　家政服务员在服务期间要做到自尊、自重。要特别注意自己的行为举止，一言一行，一举一动都要有板有眼、规规矩矩，绝不要有任何轻浮之举，轻佻之态。俗话说：苍蝇不叮无缝的蛋。保持一身凛然正气，对任何不良企图都是非分明，明朗态度会使有企图的人望而生畏。反之，家政服务人员举止轻浮，态度暧昧，模棱两可的态度，会使有非分之想的人想入非非，增加幻想。

　　保持自己做人的尊严是最好的安全保障。家政服务员在服务的过程中，绝不要与男性用户嬉笑打闹，尽量避免与男性用户单独相处，特别是当女主人不在家的时候，应更加注意。

家庭小贴士

　　尽管国家法律及地方法规规定性骚扰属于违法行为，但受害人在打官司时还是很难取胜，其主要原因在于取证困难。综合各地性骚扰官司成功的经验和失败的教训，做好证据采集和保存工作是非常有必要的。例如用带录音功能的电话录下骚扰者的话，保留短信内容，给短信拍照保存等。

（三）要提高警惕性，以预防为主

　　家政服务员的人身安全防范，应以预防为主。拒绝与男性用户同居一室，如果不具备单独的住房，可同家庭中的其他女性共同居住。无论

是单独居住，还是共同居住，都要有安全的门户。家政服务员夜晚入睡前，应将房门锁好，拉上窗帘。如果用户家中不具备居住条件，家政服务员只能居住在客厅，如果遇到这类情况，服务员在选择时，应慎重考虑。

家政服务人员在服务中，既要真诚对待自己的用户，同时也要提高警惕，防范一些别有用心的人。如果个别用户对你使用下流的语言，甚至做出过分亲昵的行为动作，你千万不要有任何幻想和顾虑，更不要觉得不好意思，甚至好奇。此时，应做出强烈的反应，要严厉斥责其言行，坚决拒绝其无理要求。如果没有明确的态度，对方会以为是一种默认，进而可能造成更加严重的后果。

五、坏人引诱受骗

家政服务员来到城市工作生活，城市的陌生和孤独使她们迫切需要找到一些知音，在工作和生活中结交一些朋友也是人之常情。交友本无可厚非，但是交友必须慎重。目前，家政服务员大多数是来自农村的年轻女性，涉世不深，不善于区别社会中的好人与坏人，常常由于交友的不慎，给自己造成终生遗憾。为了避免在城市生活中上当受骗，以下要求一定要牢记。

（一）不贪图金钱

家政服务人员外出务工都希望得到较高劳动报酬，犯罪分子通常会利用人们对金钱的渴求，达到他们犯罪的目的。千万不要对金钱或承诺有不切合实际的奢望，使犯罪分子有可乘之机。

（二）不要轻信他人

目前，全国各个城市中都拥有大量的流动人口，他们以不同身份，不同的生活方式聚集在城市中。家政服务人员在服务过程中不要与不相干的人乱拉关系。即使与在工作中接触的人交往时，也应非常谨慎。在外务工人员有一个共同的特点，就是家乡观念特别强烈，听到家乡话见到家乡人就感到特别亲切。如果遇到同乡人，在与之交往时也要谨慎。在现实生活中同乡骗同乡，同乡卖同乡的案例屡见不鲜。

（三）恋爱要慎重

年轻的女性来到城市从事家政服务工作后，自然会结识一些异性朋友，通过交往彼此之间可能会产生好感，如果双方情投意合，最终能够结为伴侣也是一段佳话。但是，在交朋友谈恋爱时一定要慎重，因为，许多来自农村的年轻女性涉世不深，她们对城市美好生活充满幻想和迷恋，她们天真、幼稚、无知、轻信，在错综复杂的社会里容易上当受骗。

家庭小贴士

家政服务员要自尊、自强、自立，要有较强的自我保护意识。

（四）外出要注意

（1）家政服务人员有事外出一定要向用户请假，并告诉他们去向和返回时间，以备不测。

（2）家政服务人员不应在外留宿，外出办事后应及时返回用户家中，不要在外流连忘返。

（3）星期天外出参加同乡聚会、购物或游玩时要保管好自己的钱物以免丢失。

（4）要把握回家的时间，一般情况不要天黑以后再回家，以免天黑发生问题。

（5）同老乡约会一般要选择交通方便，标志明显好找的地方，不要选择在那些偏僻的地点。

（6）逛公园不宜去太偏僻的地方以免发生意外。

（7）外出如果遇到意外情况不能按时返回用户家中，应通知用户，以免他们担心。

（8）外出如遇到坏人，应沉着冷静，首先想方设法摆脱坏人的纠缠，可寻求路人帮助或立即报警。要敢于同坏人坏事作斗争，但要讲究方法和策略，前提是必须保护自身的生命安全。

第二节　安全事故防范

一、日常操作意外事故自我救护

家政服务员在日常工作过程中，往往由于疏忽大意等原因造成一些意外事故的发生。如何自我救护呢？家政服务员需要掌握以下知识。

（一）意外触电

随着家用电器的使用越来越多，家政服务员要注意用电安全。人触电会造成电烧伤，常有生命危险。如果发生触电的情况，千万不要惊慌，力争第一时间关闭电源，用棍棒、竹竿等干燥的绝缘物体将其挑开，切忌用手去拉触电者，不能因救人心切而忘了自身安全。脱离电源后，如果神志清醒，要检查其全身有无烧伤、外伤并及时处理，创伤严重的应尽快送医院做进一步治疗。

（二）燃气中毒

燃气中毒的症状为头晕、头痛、恶心、呕吐、乏力、畏寒等。严重者还会出现直视、昏迷、呼吸困难、四肢强直、感觉障碍等症状，并可发生脑水肿、肺水肿等并发症。家政服务员在工作过程中，如果发生燃气中毒，请迅速打开门窗给予室内新鲜空气；立即脱离中毒现场；解开领口，保持呼吸道通畅，注意保暖。一般轻度中毒者，经吸入新鲜空气后即可好转。发生严重中毒时应立即送医院抢救。

（三）出血

如果家政服务员切菜时不小心划伤手指，或由于走路时不小心摔伤等情况而出血，处理的方式有：

1．一般止血法

若只是表皮出血，伤口出血不多，可做如下处理：

（1）先洗净双手，然后用清水把伤口周围洗干净，用药棉、纱布或干净柔软的毛巾、手绢将伤口周围擦干。

（2）伤口内如果有沙土或其他微小污染物，可先用清水冲洗出来。

（3）用创可贴或干净的纱布、手绢包扎伤口，不可裹得太紧。

（4）不要用药棉或有绒毛的布直接覆盖在伤口上。

（5）若伤口比较深的话，应及时到医院进行包扎或缝合。

2．直接加压法

严重出血的救治，要分秒必争。最直接、快速、有效的止血方法就是直接加压法。

（1）将消毒纱布或清洁的布置于伤口上，然后用手掌或手指施压，压5~10分钟，等出血停止后，再用绷带或胶布包扎固定。

（2）若伤口在颈部，则不宜用绷带固定，可用胶布固定。

（3）如果伤口在四肢，固定以后要检查患者肢体末端的血液循环情况，若出现青紫、发凉，可能是绷带扎得过紧，要松开重新缠绕。

（四）宠物咬伤

现在养宠物的家庭越来越多，常发生人被猫、狗咬伤的情况。猫、狗的唾液中可能带有狂犬病毒和细菌。人被这样的猫、狗咬伤后，起初伤口会出现疼痛、红肿，如果不处理，几天至几个月后可能会出现烦躁、惶恐不安、牙关紧闭、怕光怕水等狂犬病症状，严重时会危及生命。所以，人一旦被猫、狗咬伤，要立即采取以下处理措施：

（1）小伤口可以立即用清水和肥皂水彻底冲洗，冲洗时间不能少于20分钟，把伤口内的血液和动物的唾液清洗干净。

（2）如果伤口较大，软组织损伤严重，则不宜过度冲洗，防止引发大出血。

（3）用干净的纱布把伤口盖上，尽快把患者送到医院治疗。

（4）在医生的建议下注射狂犬病疫苗和抗狂犬病血清。

家庭小贴士

工作安全防护

1. 工作场地如有油污或湿滑，应立即擦净擦干。

2. 地面清洁后要提醒注意防滑。

3. 高处作业要使用梯子，不得使用任何代用品。

4. 擦室外玻璃时，慎防跌倒及尘灰入眼；如擦高层室外窗须系安全带。

5. 搬运沉重物品，须两人以上搬运，尽量使用车辆，注意防止腰背扭伤。

6. 使用较浓清洁剂时，应戴手套，防止皮肤被腐蚀烧伤。

7. 发现房间内的杯具有裂口时，应立即更换。

8. 不将手伸入垃圾桶或垃圾袋内收取废弃物品，防止手指、手臂被刺伤。

（五）皮肤烧烫伤

对于较轻的小面积烧烫伤，如局部红肿、发热、疼痛，要立即冷却受伤部位。可用冷水冲洗或浸泡20~30分钟，尽快使局部降温，直到受伤部位疼痛明显减轻为止；还可以在局部涂一些烧伤膏止痛，防止起水泡。对烫伤的皮肤尽可能保留水泡皮完整，不要撕去腐皮，可用消毒过的湿布轻轻包扎；及时到医院处理伤口。

如果烧烫伤严重，现场有危险，应迅速去医院，并尽快拨打消防电话119。不要撕去粘在身上的衣服；不要在伤处涂抹药物和其他东西，如食油、白糖、酱油、牙膏等；不要在伤处覆盖棉花或有毛的东西，也不要贴创可贴或膏药；不要挑破水泡；也不要进食；降温不要过度。

二、家中失火

（一）迅速呼救

发现着火要大声呼喊，或敲打面盆、铝锅等能发出响声的东西，召唤更多的人参与灭火。

（二）迅速拨打电话"119"向消防部门报警

家庭小贴士

被火包围后应采取的正确态度：楼房发生火灾时，住在楼上的人们生命安全常常受到严重的威胁，尤其是火灾发生在底层，疏散有困难时更是如此。当大火封路，人们实在无法脱离险境时，只要保持沉着冷静，采取正确措施，并充满信心地与之搏斗，总是会有生路的。有的人遇到大火惊慌失措，或钻入床底，或躲进顶棚，结果不是被火烧着就是窒息致死。

（三）在消防车到达现场前，应设法扑救

（1）不要盲目打开门窗，以免空气对流，造成火势扩大蔓延。

（2）扑灭火苗可就地取材，如用灭火器灭火或使用砂土、毛毯、棉被等简便物品覆盖火焰灭火。

（3）油锅起火，不能用水浇油锅中的火，应马上熄掉炉火，迅速用锅盖覆盖灭火。

（4）燃气灶具着火，要设法关闭阀门或用衣物、棉被等浸水后捂盖灭火，并迅速关闭总阀门。

（5）着火处附近的可燃物要及时搬移到安全的地方。

（6）家用电器着火，要先切断电源，然后灭火。万一遇上电视机、电脑起火，除了切断电源外，还要注意，用毛毯、棉被灭火时，人要站在侧面，防止显像管爆裂伤人。

（7）及时组织人员用脸盆、水桶等传水灭火，或利用楼层的墙式消火栓出水灭火。

火灾逃生"七十二字口诀"

熟悉环境　出口易找	平时务必留心疏散通道或楼梯方位，以便关键时刻能尽快逃离现场。
发现火情　报警要早	迅速拨打119。
保持镇定　有序外逃	准确判断危险地点和逃生方向，迅速决定逃生的办法。
简易防护　匍匐弯腰	防止烟雾中毒。
慎入电梯　改走楼道	也可以利用阳台、窗台、楼面屋顶等攀到安全地点，或沿着排水管、避雷线等滑下楼脱险。
缓降逃生　不等不靠	可以利用身边的绳索、床单、窗帘、衣服等自制简易救生绳，并用水打湿，从窗台或阳台沿救生绳滑到下面楼层或地面。
火已及身　切勿惊跑	赶紧设法脱掉衣服或就地打滚扑灭火苗。
被困室内　固守为妙	要用衣物、毛巾等将门窗缝隙堵住，同时向门窗和衣物上泼水，防止烟雾进入，并进行呼救和等候救援。
速离险地　不贪不闹	生命是最重要的。身处险境，应尽快撤离，不要因害羞或贪恋贵重物品，把宝贵时间浪费在穿衣或寻找、搬运贵重物品上。已经逃离险境，切莫为找贵重物品重返险地。

三、安全用电用气

（一）用电安全常识

（1）不乱拉乱接电线。

（2）在更换保险丝、拆修电器或移动电器设备时必须切断电源，不要冒险带电操作。

（3）使用电熨斗、电吹风、电炉等家用电热器时，人不要离开。

（4）房间内无人时，饮水机应关闭电源。

（5）发现电器设备冒烟或闻到异味时，要迅速切断电源进行检查。

（6）电加热设备上不能烘烤衣物。

（二）用气安全常识

家中使用燃气有两种：煤气与天然气。家政服务员要正确掌握以下使用方法，避免可能引起的中毒、爆炸和火灾。

家庭小贴士

拨打安全急救电话要注意以下几个方面：

1. 沉着镇静，听见拨号音后，再拨号码。

2. 简明扼要陈述情况。要讲明所报警情或突发事件发生的地点、时间、目前状况。

3. 如实反映事件的实际情况，不夸大，不歪曲。

4. 尽量克服焦躁情绪，吐字清楚。

5. 冷静地回答通信人员的提问。

6. 说清自己的名字和联系电话，以便与你保持联系。

7. 电话挂断后，要在事发现场等候。

8. 向警方或救护人员详细介绍情况，并积极协助开展工作。

（1）使用燃气具前要仔细阅读使用说明书，按要求正确操作。

（2）使用燃气设备的房间必须保持通风良好。

（3）定期检查灶具、气罐、管道、管路连接处是否有漏气现象。

（4）发现漏气时，立即关闭气源，清除火种，切勿启动排风扇、抽油烟机，应打开门窗通风，进行检修。

（5）使用燃气应先开阀门，再点火，后放炊具。

（6）保持气罐直立，不得摇晃、倒置、加温。

（7）使用燃气灶具时，不要长时间离开，要注意风吹熄火苗或汤汁溅出浇灭火苗等情况。

（8）燃气热水器、灶具发生故障时，不要强行使用，需立即请专业人员修复。

（9）不要在安装燃气设备的房间内再使用煤炉或其他灶具。

（10）如果长时间外出，一定要把燃气表前截门关好。

（11）燃气灶周围不要放置易燃杂物。

（12）如果用户家里有儿童，要教育他不要拨弄燃气具开关和划火点灶，防止发生意外。

（13）使用完毕后，请检查开关是否关好。

（14）发现有煤气泄漏，应立即切断气源，打开窗户通风，并将煤气中毒者搬至空气新鲜、流通且温暖的地方。对昏迷者，可以用指尖用力掐人中、十宣等穴位，并及时拨打"120"急救电话。

四、交通安全

（一）交通行为规范

（1）讲究交通公德，遵守交通法规，严守交通信号，听从交通民警指挥。

（2）外出、横过马路时，须走人行横道、过街天桥或地下通道，要严格遵守交通信号，在没有划设人行横道的地方，横过马路时，要左右看，注意来往车辆，不要斜穿猛跑。

（3）不要在道路上聚集、打闹、追车、扒车、强行搭车、抛物出车或进行其他有碍交通安全的活动。

（4）不得损毁和随意拆移交通设施。不得钻跨、倚坐交通护栏及隔离墩等。

（二）乘车文明

（1）自觉遵守乘车管理规定，举止文明，相互礼让。

（2）在规定地点候车，按顺序上车，不强行上下。

（3）乘车及时购票，主动出示车月票，并接受检查。

（4）不得携带危险品和有碍

乘客安全的物品、动物乘车。

（5）保持站内、车内环境卫生，不喧哗，不吸烟，不随地吐痰，不乱扔废弃物。

（6）爱护车站、车内设施，不蹬踏坐椅，不乱写乱画，不损坏公物。

（7）照顾老、弱、病、残、孕乘客，主动让座。雨天乘车脱掉雨衣。

（三）外出安全防范

外出时可能遇到拦路抢劫、飞车抢劫，坐公交车、火车也可能遇到偷盗，家政服务员要注意安全防范。

家庭小贴士

电梯困人事件时有发生，遇到这样的情况要保持理性，平复情绪。紧张之下会心跳加快、口干舌燥。焦躁不安只会加重恐惧感以及人体的需氧量，于解决问题无益。这时可以先坐在地上深呼吸，设法与外界保持联系，以此保持情绪的稳定，等待救援。

五、电梯被困

电梯发生故障主要有两种，一是电梯突然停止运行，二是电梯失去控制下坠。当家政服务员在电梯被困时，应采取的方法如下：

（1）如果突然遇到电梯下坠，不论你身处第几层，应该马上将每一层的按键都按下，当紧急电源启动时，电梯可以马上停止继续下坠。

（2）当电梯还在继续下坠时，为了固定位置，应紧握电梯内的把手，背部和头部应紧贴墙壁，运用电梯墙壁作为脊椎的防护，以免颈椎受伤。

（3）被困人员还需半蹲身体，这是最重要的。因为在半蹲状态及身体在紧绷状态时，能使人在承受重击时缓解压力，避免被困人员在电梯内受伤。

（4）如果有胸闷缺氧之感，可以坐在靠电梯门缝的位置以获得氧气。

（5）严禁采取扒门、拉门等不当的自救行为。万一在扒门同时，电梯突然启动，很可能会发生意外，而很多不幸事件的发生，都是由于自救不当产生的。

（6）电梯平稳后立即用电梯内的警铃、对讲机或电话与管理人员取得联系，被困者还可以对着电梯内部摄像头挥手示意。

六、安全急救电话

家政服务员一定要牢记以下常用的安全急救电话，以便应急使用。

匪警：110

火警：119

医疗救助：120

交通事故处理：122

七、家政职业风险规避

家政服务员职业性质为社会职业，一旦他们的服务达不到行业标准或用户的期望，甚至对用户造成损失，就可能面临索赔，导致用户、家政服务员、家政公司三方面的损失。目前，在国家法律、法规没有针对性地解决家政行业风险的情况下，我们需要依靠商业保险来化解行业的风险。以下分享的是太平洋家政职业责任险的有关内容和案例。

被保险人：年满18至65周岁，身体健康，且与正规家政公司（工商局注册）签署雇用合同的家政服务员。如：家政服务员、钟点工、月嫂、护工、清洁工等家庭服务行业从业人员。

保险范围：家政用户和家政从业人员的人身意外、家政用户的财产损失和第三者责任。

责任免除：出现下列任一情形时，保险公司不负责赔偿。

1. 家政服务人员未满十八周岁的。

2. 家政服务人员患有传染病、精神病等，不宜从事家政服务工作的。

3. 家政服务人员没有合法、真实、有效身份证明的。

4. 由于家政服务人员的故意行为、犯罪行为或重大过失，造成的任何损失、费用或赔偿责任。

家政服务员的意外伤害包括身故和残疾。身故：在保险期间内，对家政服务员自身意外伤害发生之日起180日内以该次意外伤害为直接原因身故，保险人按保险金额给付身故保险金。残疾：被保险人因意外伤害所致残疾，保险人按保险单所载保险金额及该项身体残疾所对应的给付比例给付残疾保险金。如治疗仍未结束，按意外伤害发生之日起第180日时的身体情况进行鉴定，并据此给付保险金。

服务案例

用户财产损失责任

2011年3月，北京某分公司家政服务员小林在用户家中工作时，由于工作疏忽大意，在给用户洗衣服时不慎将用户新买不到一周的AP手机落入水中导致手机无法开机。由于该服务员购买了家政经营责任险，立即拨打了保险公司理赔部电话报案。在理赔部的建议下，用户首先将手机送往AP手机指定维修站进行维修，手机电路主板经过更换后可以正常使用，维修费用共计3600元。按照家政经营责任险财产赔付规定，保险公司向用户赔付了维修费用共计3100元。

用户第三者责任

2009年8月，北京朝阳区某家政公司服务员张某在用户家中的主要工作职责是照看一条宠物狗，服务员每天都会带着小狗在小区遛弯。一天，服务员带着小狗在小区内碰到了隔壁家的服务员小惠拎着一个水桶，小狗突然上前扑过去咬伤了小惠。大家立即将小惠送往医院打了狂犬疫苗，一个月后整个治疗过程结束，医疗费用共计300多元。家政服务员张某投保了家政职业责任险，由于个人的疏忽过失对用户家庭成员以外的人造成伤害，依法应承担相应的赔偿责任。保险公司依照保险合同的约定进行了赔偿。

博士点评

以上两个案例中，虽然家政服务员利用家政职业责任险规避了职业风险，但是还要引以为戒，吸取教训，尽量避免工作失误带来的损失或伤害。

坚决拒绝物质诱惑

晚上10点，家政服务员小张结束了一天的工作，回到了自己的房间。

"小张，你看我给你拿来个什么好东西？"用户赵先生推门进屋，笑着对她说。

"什么啊？"平时，赵先生两口子对小张不错，经常给她一些小礼物，赵先生还给过几次"奖金"。小张满怀期待地望着赵先生。

赵先生手里托着个小盒子，笑着说："打开看看。"

"啊！真好看。"盒子里是一条珍珠项链，小张兴奋地叫了起来。

"喜欢吗？送给你了。"赵先生"慷慨"地说。

"这……太贵重了！"小张嘴上说着，但眼睛一刻也没离开项链。

"这算什么，谁叫你这么招人疼呢！"赵先生的手扶在了小张肩头上。

小张愣了一下，但没有说什么。

"来，我给你戴上。"赵先生抓住了小张的手……

"不、不……"小张的反抗很无力。

"小张，我对你不好吗？你怕什么！你大姐没在家，明天，我带你去买几件衣服……"赵先生一边动手一边说。

小张攥着那条项链，被赵先生搂在了怀里……

博士点评

家政服务员从事的是一个以个体形式进入用户家庭的特殊的职业。由于工作和工作环境的特殊性，家政服务员的文化水平普遍不高，法律意识较为淡泊，往往缺乏维护自身合法权益的意识和能力。对于用户的昂贵馈赠应坚决回绝，过分亲昵动作要做出强烈的反抗，坚决拒绝。

本案中小张要在第一时间做出反应保护自己的人身安全。女性家政人员一定要在刚刚出现这些苗头的时候做出正确的选择，不要以为忍忍就过去了，这样只会给自己带来更严重的伤害。

家庭博士答疑

外出要注意安全防范，请问我外出遇到拦路抢劫怎么办？

（1）不要惊慌，要保持镇静。

（2）如果感觉自己对付不了歹徒，可将随身携带的钱财或物品先交给歹徒，以保证自己的生命安全。

（3）寻找机会求救，一旦看准时机便向有人、有灯光的地方奔跑。

（4）在有群众路过时，可趁歹徒不备突然跑开并高声呼救，争取在群众的协助下将歹徒吓跑或扭送公安机关。

我在街上遇到飞车抢劫怎么办？

街头飞车抢劫财物，多发生在僻静的街道、小巷及便于逃脱的岔路口、广场等地方。歹徒抢劫的目标多选单身女性，趁人不备时抢夺其提包或挂在胸前的手机、项链等。

防备飞车抢劫的办法有：

（1）带包在街头行走尽量远离机动车道。

（2）走在便道上时，应将包挎在自身靠近便道内侧一方。

（3）买东西、打电话时要注意身边是否有可疑的陌生人，特别是骑摩托车和自行车的人。

（4）骑车时如果车筐内放有提包，应把包带绕在车把上。

我在公交车上如何防小偷呢?

（1）上下车时别拥挤，要排好队有序上下车。

（2）在上车前准备好零钱。现金、手机要放到衣服的里兜，把外套的纽扣或拉锁扣好拉好，不要给小偷留下可乘之机。

（3）上下车时不要将包背在身后，要把包置于身前，以防小偷割包、掏包。

（4）上车后要警惕故意挤撞的可疑人，对一直紧贴身旁的人尤其要小心，防止小偷利用汽车起步、停车、拐弯、急刹车的时候顺势行窃。

我在火车上如何防小偷呢?

火车站的候车室人多杂乱，是偷盗案件经常发生的场所。

（1）在候车室候车时，不要与上前搭讪的陌生人谈话，更不要把自己的个人及家庭信息透露给陌生人。要时刻留意自己的行李物品。

（2）不要接受和食用陌生人给的食品和饮料，以防万一中毒遭遇不测。

（3）夜间不要在候车室打瞌睡，谨防扒手趁机掉包、偷盗。

（4）上车后，要把行李放在自己的视线范围之内，不要放在自己不易看到的地方。

如果有人跟踪怎么办？

家政服务员外出，特别是夜间单独外出时，如果发现有陌生人跟踪，就要立即警觉起来，因为跟踪是歹徒在选择合适的地点实施流氓骚扰或抢劫前的步骤。

（1）当发现有人一直不远不近地跟在自己后面时，首先不要害怕。给附近的朋友或用户打电话，请来接应。

（2）改变原行走路线，可横穿马路甩掉跟踪的人，或就近登上公交车离开。

（3）向着繁华热闹的街道、商场走，或是走到附近的学校、机关、派出所、治安岗亭等处寻求帮助，直到摆脱跟踪的人。

（4）单独乘电梯时，如果有可疑的陌生人跟进来，可立即退出电梯，等下一趟人多时再乘坐。

练习与提高

1. 家政服务员独自在家时，有陌生人叫门该怎么办？

2. 发现家里有小偷，家政服务员要采取哪些措施？

3. 家中失火该怎么办？

4. 家政服务员在用电用气时要注意什么？

5. 安全急救电话有哪些？

第五章 家政服务员与用户家庭关系

　　家政服务员与用户家庭关系和谐是非常重要的。我们先看看有哪些知识点。

　　1. 家政服务员与用户和睦相处的原则和要求

　　2. 如何与家庭服务的有关人员相处

第一节　和睦的原则和要求

　　服务的过程就是人与人相处的过程。只有同用户建立起融洽的合作关系，才能工作顺利，生活愉快。如果与用户不能和睦相处，工作就无法顺利进行。首先，工作的好坏，是由用户来评价的，他们评价你的服务，不单纯看工作表现，还会从自身的性格、修养、爱好角度来评判你。如果和用户建立了良好的关系，他们会在爱护的基础上评价你的劳动，会更多地看到你的成绩与长处。

一、和睦原则

（一）彼此尊重　平等相处

家政服务员要尊重用户家庭中的每一位成员。无论对用户有无好感，但必须学会尊重。这种尊重不仅包括礼貌、礼节的内容，也包括尊重他们的爱好、性格。在生活习俗上尊重用户的传统习惯。在与外界交往中尊重用户家庭的隐私，为用户家庭保密。

对家政人员而言，首先要有明确的职业责任感，要了解家政行业的职业特点，认真履行有关合同或协议，完成合同或协议中所约定的服务事项，是家政服务员的本分、责任和义务。对于用户而言，同样要认真履行有关合同或协议，严格遵守合同中所规定的条款。

家政人员应当要求平等的权利和尊重，但不必在口头上，而是注重用优质服务赢得用户的尊重。工作上必须服从用户的安排，努力做好本职工作，不怕苦，不怕累，积极主动，在服务过程中要时时处处为用户着想，做用户家庭的贴心人。

家庭小贴士

家政服务员在服务的过程中要不断调整服务心态，端正服务态度，提高服务水平。彬彬有礼的态度，周到细致的服务，这是职业素质的表现。不要低三下四，卑躬屈膝。服务中要保持应有的尊严，更不得做有损自己人格的事。

（二）宽容理解 但不懦弱

宽容，是胸怀博大、气量恢宏的表现，在人与人的交往中，尤其需要这种品质。即使是一家人，在交往过程中，也难免会出现这样或那样的矛盾。解决好这些矛盾，就要注意在交际中学会控制自己的情绪。在任何时候、任何情况下都要保持冷静、镇定，不能感情用事，情绪不能太激动。不要因为一些小事斤斤计较，不要因为一时误解而暴跳如雷，受一点委屈就大哭大闹。

这就要求家政人员经得起批评，受得起委屈。凡事要从大处着眼，不要斤斤计较。处事要有理、有情、有节。"有理"是指说话办事要讲道理。"有情"，是指身居用户家中，要像亲人一样关心体谅、帮助他们。"有节"是指个人修养和自制能力，进退有节。有时，要宽容对方的某些不足，不要得理不让人。

家政人员同时要明白，宽容绝非是毫无原则，也并非逆来顺受的懦弱。如果遇到虐待、性骚扰、恶意的伤害等损害自己合法权益的事情，则要勇敢地做斗争。

（三）热情真诚 谦虚谨慎

工作中既要热情真诚，又要谦虚谨慎。热情是谦虚的孪生姊妹。一个妄自尊大、目中无人的人，会待人热情真诚吗？这是不可能的。

同时，随着与用户接触时间的增长，相互间感情的色彩必然增多。对自己的感情要适当控制，应始终与用户保持一定的距离，不要故意疏远，也不要过分亲密。可以与用户交换服务中的问题，可以谈论自己的希望与理想等，然而不可把工作与情感混作一谈。不可随便称呼用户的名字，不能按照社会交往的方式与用户相处。与异性用户的交往，更要把握分寸。一旦逾越道德的尺度，就会引火烧身，自讨苦吃，甚至会造成严重恶果。

谦虚也不是谨小慎微、唯唯诺诺。谦虚是指做事不要不懂装懂，自作聪明。凡是不懂的地方，就主动地向用户请教，虚心听取他们的意见。用户最反感自以为是的家政服务员。只要我们用心，每天都能够学到有用的知识，我们的工作能力每天都会有所提高。

（四）信任可靠 关心体贴

作为家政服务员，应本着信任的态度，不要胡乱猜疑或毫无根据地乱说，以免伤了和气。相信别人，更重要的是要自己守信用，做到言必信、行必果。守信者，得人敬；无信者，人皆远之。

在与家庭成员相处过程中，要不苛求别人，多为别人着想，多关心体贴别人。多一分理解，多一分接受，就多一分温暖。彼此关心，相互体贴。

二、和睦的要求

（一）要端正我们作为家政服务员的态度

有些家政服务员朋友可能觉得能否与用户和谐相处要看缘分，碰上一家好的用户就好相处，否则就不好相处。其实不完全是这样。俗话说，一个巴掌拍不响，家政服务员和用户关系处不好肯定不是任何一方单方面的责任。要提升自己与用户交往的能力，如果你能服务好一个"难以伺候"的人家，那么，你得到的锻炼、处理事务的能力一定具备优秀家政服务员的素质。

（二）要重新审视我们对别人的看法

人无完人，每个人都有自己独特的优点和缺点。如果你看见别人的总是缺点、毛病，那别人看见你的也就只有问题和不足了。当彼此都只看见对方短处的时候，怎么可能和谐相处呢？所以，请用放大镜看待用户的优点，用望远镜看其缺点。

（三）要善于沟通

沟通可以有效地避免矛盾，减少矛盾，从而为双方发展良好的相互关系奠定基础。和用户进行沟通，有以下四条基本经验可借鉴。

1．主动积极

破除自卑、怕羞、胆怯心理，主动积极地与用户交流沟通。如果总是消极应付，有意无意地躲避与对方的交流，会给发展良好的相互关系带来障碍。

2．坦诚相待

敞开心灵，适当地吐露自己的困惑、烦恼、苦闷，合理合情地展示自己的喜怒哀乐，公开自己的观点看法，有助于增进对方对你的理解和信任。

3．保持微笑

如果你总是微笑着工作、生活，那你就会给这个家庭增添欢乐。你的微笑感染对方，滋润他们的心田，他们会对你投以亲近，还以微笑。

4．选好话题

选择一个合适的话题，在用户与你之间建立起沟通的桥梁。例如，可以向他们介绍家乡的风土人情、农村生活、礼俗风尚、奇闻趣事等。

沟通是双方而不是单方的事情。你做到这四条，一般都会得到积极的回报。即使对方仍很冷漠，那么，也不要着急，至少可以平安相处了。

（四）要想用户所想

比如：有的家政服务员觉得，有时用户仅仅因为菜怎么切、放多少油、怎样淘米这样一些鸡毛蒜皮的事情就跟自己过意不去。这时候，你首先不要抱怨用户事多、不通情达理，而是先反思一下自己的工作程序对不对？有没有考虑到用户的需要，尊重用户的习惯？

家庭小贴士

家政人员是最易接触家庭隐私的非家庭成员，而现代社会家庭对隐私的保护要求越来越高，为此家政人员应遵循以下要求：

1. 严格按照与用户的约定从事工作，不该涉及的不涉及，不该告知的不告知，双方互相尊重。这种工作式的关系，也就能理性地保护好家庭的隐私。

2. 涉及家庭隐私时要注意避讳，家政人员不可能不接触家庭的隐私，如果真是遇到家庭隐私的情况，要主动回避，尽可能不接触，这样可以很好地从源头上保证隐私的私密性。

3. 不向任何人泄露家庭隐私，不在小区内和他人谈论家庭的隐私。不能宣扬有关家庭的任何信息。

（五）要真诚赞美用户

中国人通常比较含蓄，即使很欣赏某个人也不会直接地说出来，如果直接说这样的话就会被视为虚伪、拍马屁，在农村更是如此。但是，如果你的用户今天穿得很漂亮，你为什么不能真诚地称赞几句呢？如果你的用户今天给你买了件礼物，你为什么不能大大方方地说声谢谢呢？唯一需要注意的是，赞美必须是真诚的，既是用户真正具有的优点，又要用诚挚的话语表达出来。

（六）不要议论用户家长里短

如果我们过多地干预用户家的家庭纠纷，或者到处传播人家的隐私或是非，就会招致用户的厌恶，招致用户家庭中某人，甚至全家的指责。那时候，别说与用户和谐相处，恐怕在用户家连待下去都难了。

第二节　如何与用户家庭成员相处

一、怎样对待用户家庭的内部矛盾

任何家庭都存在或大或小的内部矛盾，身居其中，家政服务员应持的立场态度是：

（1）不介入。是指不要介入用户家庭成员的是非之中，不要充当调节人，应当置身事外，最好的办法是回避。极力避免因你的言行引发、挑起、扩大、激化原有的矛盾。

（2）用户夫妻吵架时，你不要无动于衷。可以劝解双方各自少说几句，心平气和对待矛盾。不要发表任何看法。

（3）用户夫妻吵架时，你不要借故躲出去，此时更要照顾好家中的儿童、老人、病人。

（4）不论矛盾双方在家中是何地位，矛盾是何性质，你都不要掺杂个人感情色彩。对待双方都应一视同仁，不要厚此薄彼。

（5）因误会或生活琐事引起的矛盾，你可在双方之间做些沟通工作，以缓和他们的关系。

（6）不要为用户双方争吵时的过激言行作证，这样只能激化矛盾并殃及自身。

（7）如果事后用户家庭成员向家政服务人员提及此事，家政服务员不应当指责任何一方，要说一些有利于家庭和睦的话。

（8）如果男方用户使用暴力，家政服务员要努力劝阻，保护女方用户。

二、如何与用户家庭的男成员相处

（1）言语行为上要落落大方。不刻意疏远和有意回避，但在行动和内心都要保持一定距离。特别是相处时间长了彼此熟悉了，相互也不可以嬉笑打闹，不可改变对他的称呼。

（2）不要做超出常情的回报。可将回报转至用户家庭的其他成员。

（3）不要同他议论他的配偶、恋人。即使对方主动谈及，必须打岔回避，不接下言。

（4）避免单独相处。在任何情况下，也不要在他面前只着内衣或衣冠不整。避免与他经常独处一室，如必须如此，则不要关门、更不要插门。

（5）注意周围人的影响。家庭其他成员，特别是配偶、恋人的眼神，往往是观察你与他关系是否得体的指示灯。如果红灯亮了，你必须检点你的言行。

三、如何与用户家庭的女成员相处

家政服务员最容易与女性用户发生摩擦，这是因为女性本来心思就比较细腻，和她们相处时尤其需要注意。

（1）日常生活多按照她的吩咐准备饭菜。洗涤、保管她的衣物用品要格外用心。

（2）她与配偶同时给你分派的工作有冲突时，可请她协调或照她的要求去做。

（3）对她的服饰、打扮、发型、容貌、持家本领可以适当给予赞美。至少不要轻易说"不好"。

（4）对她的兴趣、爱好，不妨表示支持、欣赏，不可漠不关心。

（5）她和你谈心里话，你也用心里话回报。

（6）如果没有交代的话不要在生活上过多地照顾她的配偶或恋人。

（7）不要当面过多涉及她的配偶或恋人。

（8）夫妻之间发生口角争吵时，应主动回避。即使男方有理也不能流露支持的态度。

（9）如果她是"刀子嘴、豆腐心"的人，就不要计较她的态度和一时的言差语错。

四、如何与用户家庭的孩子相处

（1）充满爱心善待孩子。孩子是最纯真的，一般情况下只要你待他们好，他们也就会喜欢你并维护你。

（2）对你有过分言行，可置之不理，也可婉言批评。还可向其父母请教办法。不要为此采取恐吓、训斥、打骂的方法。

（3）鼓励他们自己改正错误。当你知道他们做了错事，不要替他们保密，应鼓励他们勇敢地向家长承认错误，并向家长介绍你所了解的情况。

（4）和孩子不要过分计较。他们背地向父母反应你的言行时，无论有否偏差，你都不要对此记恨，更不要报复。否则反而会把事情搞糟。

（5）和他们建立友谊。当他们过生日时，你可送件小礼物表示祝贺，但不要送贵重礼品。

五、如何与用户家庭的老年人相处

老年人是家庭中的长辈，他们为家庭辛劳了一辈子，理应受到尊重和照顾。许多家政人员觉得与老年人相处较为困难。他们大多体弱有病、行动不便、耳聋眼花、爱唠叨。其实我们只要想想我们自己的父母，就很容易谅解他们。孝敬长辈是我国的光荣传统，我国自古有"老吾老以及人之老，幼吾幼以及人之幼"的传统美德，意思是尊敬自家的长辈，推广开去也尊敬人家的长辈；爱抚自家的儿女，推广开也去爱抚人家的儿女。这样就可达到心无私利，化小我为大我的慈悲境界。

以下方法可以借鉴：

1. 尊重老人最重要

许多老年人十分注意家政人员对他本人的态度。要将老人作为自己的父母来服侍，自然就会赢得他们的好感。

2. 学会哄老人高兴

让老人笑口常开，有人说"老小孩，需要多哄着点"就是这个道理。在老人需要安静的时候，你不要去打扰；当他们喜欢热闹的时候，你可以和他们一起娱乐，听他们唠唠家常，讲过去的事情都会使他们高兴。

3. 经常嘘寒问暖

询问他们的身体健康状况，他们会感到你对他们的体贴关心。

4. 对老人要有耐心

老人说话重复，唠唠叨叨，家政服务员应该习惯。如对老人有意见，不要当场顶撞，不要用语激烈，不和老人致气，这些都是照顾老人的最大禁忌。

5. 照顾老人的生活

不要试图去改变他们原有的生活习惯，保持固有的生活规律，对他们的健康极为重要。

6. 搞好老人的膳食

一般情况老人的牙口不好，吃饭较少、口味清淡，要荤少素多，饭菜要比较软、易于消化，要讲究营养。做老人的饭菜必须照顾到这些特点。不要只做年轻人和自己喜欢吃的饭菜。

家庭小贴士

子曰："爱亲者，不敢恶于人；敬亲者，不敢慢于人。"

孔子说："要亲爱自己的父母，必先博爱。就不敢对于他人的父母有一点厌恶。要恭敬自己的父母，必需广敬，就不敢对于他人的父母，有一毫的怠慢。"

六、如何与用户家庭的邻居相处

（1）对待用户家周围的邻居，不论他们与用户家的关系如何，家政服务员同样要彬彬有礼，尊重他们。一般情况下，用户怎样要求，你就怎样去做。

（2）因私事找邻居帮忙，应先跟用户打招呼。尊重用户的意见后，再行办理。

（3）即使邻里关系很好，也不要向他们讲用户家中私事，更不要信口开河谈自己在用户家的情况。

（4）用户与邻居产生矛盾，发生纠纷，只要与你无关，最好置身事外，不要卷入，以免将来迁怒于你。

（5）当用户不在家时，邻居来借东西，你不要擅自做主。可委婉拒绝，或与用户联系征得用户意见。

（6）邻居对你的用户说三道四，你千万不可介入议论。一般不要传这些闲话，如确有必要，你可以将听到的议论委婉转告，提醒用户注意。但切忌不可因你的言行，而引发用户与邻居的争吵。

七、如何与同行老乡相处

（1）如有同行老乡到用户家找你，需征求用户同意方可带其入室，不得擅自带同行老乡进入用户家中。

（2）不要随意向同行老乡讲述用户家中私事。

（3）不要轻易被某些别有用心的老乡或同行所迷惑，谨防被骗事件发生。

八、如何与用户家的客人相处

（1）对待客人要注意礼节礼貌。对客人要一视同仁，初次见到的客人，要告知你的身份。

（2）客人问起用户的公务、交往及家庭私事时，你应慎言，或告之"不清楚"。

（3）一般情况下，主客进行交谈你应主动回避。

（4）客人送你礼物，要先征求用户的意见是否可以接受。

（5）对在用户家长期居住的客人，应遵照用户的指示安排对方的日常生活，不要擅做主张。

九、如何与爱挑剔的用户相处

（1）首先要把工作做到无可挑剔的程度。

（2）如果她对其家人也一样挑剔，你就不要为此而猜疑。

（3）对方爱挑剔，你可以在做事前先向其请求指导，做完后向其汇报，倾听其意见。这样坚持几次以后，对方就不好意思再挑剔了。

（4）当对方过分挑剔，不要急于发作，可以说些"很抱歉，对不起"的客气话，待其心情平静了，再心平气和地做解释。

家庭小贴士

　　哪些事情不宜对用户隐瞒：
　　1.个人户口所在地址及婚姻、健康状况。患有传染病或慢性疾病，更应诚实讲明病情。
　　2.工作中的差错、事故，都不宜向用户隐瞒，应及时告知，以便及时补救。
　　3.打算辞工时，不要搞突然袭击，要提前一周通知，便于用户有所准备。
　　4.受到异性追求，或遇到陌生人纠缠等外界纠纷，应如实告知用户，还应争取他们的帮助。
　　5.个人因无知、无意犯下的违法行为，也应及时告诉用户。

十、如何与脾气大的用户相处

脾气大是一种性格缺陷，对动辄发脾气的人，你特别要有忍耐性，做到有理有节。

（1）有则改之。若是因为你有错误而引起对方发脾气，应该马上承认错误，表示歉意，表示改正。不要计较对方的态度。这样做，往往能使对方的怒气"釜底抽薪"。

（2）若对方乱发脾气，不妨采取"惹不起躲得起"的办法，暂做回避，不予争辩。你若也针锋相对地顶撞，不仅解决不了问题，反而有可能使双方关系破裂。

（3）柔能克刚。有理不在声高，你可用轻声慢语表达你的观点，或等对方气消后再做解释工作。如对方意识到自己态度过火了，你可及时表示谅解，并找个台阶给对方，使对方不失面子。

十一、如何与爱叨唠的用户相处

说起话来没完没了，生怕别人不懂，这就是唠叨。对于爱唠叨的人，家政人员应具有高度的忍耐力。可以按照下述办法与之相处：

（1）他对其他人是否也爱唠叨？如果是，那就不是针对你，故意和你过不去。可以泰然处之，听之任之，随他而去。

（2）他在唠叨时，不要生硬地打断他的话题，也不要流露出不耐烦的表情，更不要转身就走。高明的方法是巧妙转移话题，或适时找借口（如买东西，去卫生间等）中断谈话。

（3）如对方总在某一件事上唠叨，你应把此事做到令人满意、放心，让其失去唠叨的理由。或者事先详细告知他，你对此事如何办理的，让其一目了然，无须再唠叨。

（4）如果你与对方相处不错，有时也可用玩笑的方式打断其话头，中止唠叨。

家庭小贴士

哪些情况可以请求用户的帮助：

1.身体有病无力劳动时，可请用户予以谅解，休息到病愈再工作。如果用户家备有常用药，也可请他们提供。所患疾病如费用不大，但手中又暂无钱时，可商请用户先为垫付。

2.购买个人生活必需品钱数不足时，可请求借支，工资发放时再归还。

3.个人需要学习或参加活动，可征求用户的意见。若得到应允，可请对方相应调整你的日常劳动时间。

4.在家庭之外的场合遇到麻烦，如受到人身骚扰、伤害等，可求助用户帮助解决。

5.个人私事拿不定主意时，可请用户帮助你分析。

6.因意外情况需临时终止服务合同，可向用户寻求帮助。

7.如果你向用户请求帮助，应如实讲清原委，对方才能决定是否应允。

8.如果和用户沟通不畅，也可通过家政公司协调用户解决。

十二、如何与爱猜疑的用户相处

所谓猜疑，是指无中生有地对人、对事怀疑。与爱猜疑的人相处时应做到：

（1）光明磊落，让对方清楚你的所作所为。

（2）对方不在场，你也要一丝不苟地完成他指派的工作。

（3）对方易疑心的事，你更要做周到。为了防患于未然，有些事做起来最好有对方本人或第三人在场。

（4）你所经手的经济收支要清楚无误，最好的办法是每笔经济收支都要记账。

（5）如果可能，一些易遭猜疑的事，可委婉回避去做。

服务案例

"不要把福根吃掉"

有一名新到京的中年家政服务员，好不容易找到了一个照顾老人的工作，可是只工作了20多天，就和用户回到公司办理了解除合同手续。当工作人员问起解除合同的原因时，她长吁短叹，表示她在用户家受气，受虐待。在工作人员的再三追问下，她才说："我照顾一位70多岁的老人，每天要给他喂饭吃。这位老人吃饭时总要剩下一口饭，非得让我把这口饭吃下去。一开始我想，是我给他盛的饭菜多了，所以以后我就少盛一些饭菜，但是老人仍然要剩一口。每天都要吃他口水滴答的剩饭，我实在没法忍受了，这才要求解除合同的。"

这时，有一位在北京工作多年的老服务员听到是这个原因后，就主动和用户签订了服务合同。一个月后双方高高兴兴地又来公司续签合同，而且提高了工资。当工作人员问她是否要吃老人的剩饭时，她这样说："到用户家后，我就主动与老人聊天，夸奖老人的儿女多孝道，您多有福气。年龄大了，儿女们就请我来照顾您。开始当我给老人喂饭时，他还是剩口饭让我吃。我就耐心地对他说，现在干什么都要讲福气，连喝酒都要剩一口，那叫福根，要留给最有福气的人喝。如果我把您的饭吃掉了，也就是把您的福气吃掉了。老人听后，再也不让我吃他的剩饭了。"

老人就像老小孩，家政服务员和老人相处时要学会如何哄老人，只要掌握了老人的生理、心理变化特点、脾气禀性、生活习惯，与老年人相处就并不困难。

家庭博士答疑

如果用户家有常年卧床的病人，有什么特殊的注意事项呢？

俗话说"久病床前无孝子"，这句话其实说明的是照顾常年卧床病人的不易。病人因长期受病痛折磨，脾气变得比较暴躁，有时还会打人骂人。其实，这都是病魔在作怪。家政人员对此不要太计较。不能将病人的言行与正常人相提并论。

对病人应当倾注更多的爱心，更加体贴细致地照顾他们。要经常与他们聊聊天，多说些宽慰的话，说些高兴的事，分散他们的注意力以减少他们的疼痛。病人很忌讳"老""病""死"等字眼，家政服务员言语中要注意。可以经常帮助他们翻翻身，做些身体的按摩，使他们身体上舒服一些。

当然这样做家政人员会很累很辛苦，甚至会受委屈。但是，能够让病人生活地幸福些，是家政人员的本分，也是职业道德的要求。

我跟用户之间有误会该怎么解决？

首先，及时解释、说清事实、分清责任、消除误会是很必要的。

用户家中物品损坏、小孩生病或受伤，发生此类事件时如确实非你所为，与你无关，应及时对用户以事实为依据婉转说明，并主动协助用户处理。用户对你产生怀疑时，应心胸坦荡，正确对待用户对你的怀疑，必要时应及时解释。

产生误解后用户对你的批评不符合事实或用户怀疑某件事是由你所为时，你应提供有关事实依据来排除她（他）的猜疑。而哭泣、沉默不语、赌咒发誓的态度是不可取的，更不能因为自己受了委屈而一走了之。

如果我还是觉得很委屈，那该怎么办呢？

家政服务员在工作中与用户出现一些误解，受到一些委屈是难免的。

若感到受委屈时，先要稳定自己的情绪，切忌急躁，要冷静耐心地听对方把话讲完，搞清楚产生误解的原因，若当时能够解释，可以慢慢地解释清楚。

若对方正在气头上，最好先忍耐一下，不必就对方的指责做匆忙的解释，这样易使对方觉得你在强词夺理，引起对方的反感；更不要当时和对方顶嘴，使对方火气更大，以致闹得双方无法收场。应待对方冷静后，慢慢地将事情的经过和当时的想法告诉她，并指出双方产生误会的所在。

当受了委屈时，切忌一着急就说"我走"。为人处世应该做到宽宏大度，受了委屈也不应该太计较，即使有理也应谦让。

如果我在用户家不小心做错了事，该怎么办呢？

　　家政服务员在工作中难免会粗心大意，如损坏、丢失用户的家庭财物等，这类问题都属于责任事故，切忌企图隐瞒用户。对于工作失误，要立刻道歉，并积极改正，争取得到用户的谅解，不要寻找理由为自己做辩护。如果给用户造成财产和经济损失，应承担赔偿责任。

我该怎么向用户道歉呢？

　　向对方道歉时，要倾听对方的诉说，有针对性地道歉。不可不视具体情况，就千篇一律地说"对不起""请原谅"。主观上要真心诚意，充分表达出自己内心的悔意和勇于承担责任的态度。

　　同时，要给对方时间接受你的道歉。如果你的错误致使对方产生不快，对方对你的态度从不满到谅解，需要一个过程。如果你请他原谅而他没有当场接受，可以稍后再过去表达你的歉意和不安。

● 练习与提高

1. 和睦原则的内容是什么？
2. 和睦要求要做到哪几点？
3. 怎样对待用户家庭的内部矛盾？
4. 怎么与用户家庭的孩子相处？
5. 怎么与用户家庭的老人相处？

第六章 家政服务基本法律常识

　　我们来看看家政服务基本法律常识都有哪些要点。

1. 公民的基本权利和义务

2. 相关法律、法规

第一节　公民的基本权利和义务

一、公民的基本权利

　　公民的基本权利也称宪法权利或者基本人权，是指由宪法规定的公民享有的、主要的、必不可少的权利。我国宪法规定的公民基本权利主要有：

　　（一）人身自由不受侵犯。

　　（二）劳动者有休息的权利。

　　（三）人格尊严不受侵犯。禁止用任何方法对公民进行侮辱、诽谤和诬告陷害。

　　（四）通信自由和通信秘密受法律的保护。除公安机关或者检察机关依照法律规定的程序对通信进行检查外，任何组织或者个人不得以任何理由侵犯公民的通信自由和通信秘密。

（五）住宅不受侵犯。禁止非法搜查或者非法侵入公民的住宅。

（六）在行使自由和权利的时候，不得损害国家的、社会的、集体的利益和其他公民的合法的自由和权利。

（七）其他方面的权利。

二、公民的基本义务

公民的基本义务也称宪法义务，是指由宪法规定的公民必须遵守和应尽的根本责任。我国宪法规定的公民的基本义务主要有：

（一）维护国家统一和各民族团结。

（二）必须遵守宪法和法律、保护国家秘密、爱护公共财产、遵守劳动纪律、遵守公共秩序、尊重社会公德。

（三）保护祖国安全、荣誉和利益。

（四）保卫祖国，依法服兵役和参加民兵组织。

（五）依照法律纳税。

（六）其他方面的义务。

 家庭小贴士

《中华人民共和国宪法》第三十三条明确规定：凡具有中华人民共和国国籍的人都是中华人民共和国公民。中华人民共和国公民在法律面前一律平等。国家尊重和保障人权。任何公民享有宪法和法律规定的权利，同时必须履行宪法和法律规定的义务。

第二节 相关法律、法规

一、未成年人保护法

自 2007 年 6 月 1 日起施行《中华人民共和国未成年人保护法》中所称的未成年人是指未满十八周岁的公民。国家根据未成年人身心发展特点给予特殊、优先保护，保障未成年人的合法权益不受侵犯。

未成年人享有生存权、发展权、受保护权、参与权、受教育权等权利。未成年人不分性别、民族、种族、家庭财产状况、宗教信仰等，依法平等地享有权利。

违反本法规定，侵害未成年人的合法权益，其他法律、法规已规定行政处罚的，从其规定；造成人身财产损失或者其他损害的，依法承担民事责任；构成犯罪的，依法追究刑事责任。

二、老年人权益保障法

自 1996 年 10 月 1 日起施行的《中华人民共和国老年人权益保障法》中有关规定如下：

（一）本法所称老年人是指六十周岁以上的公民。

（二）全社会应当广泛开展敬老、养老宣传教育活动，树立尊重、关心、帮助老年人的社会风尚。

（三）禁止歧视、侮辱、虐待或者遗弃老年人。

（四）以暴力或者其他方法公然侮辱老年人、捏造事实诽谤老年人或者虐待老年人，情节较轻的，依照治安管理处罚法的有关规定处罚；构成犯罪的，依法追究刑事责任。

三、妇女儿童权益保护法

自 1992 年 10 月 1 日起施行的《中华人民共和国妇女儿童权益保护法》中的有关规定如下。

（一）妇女在政治的、经济的、文化的、社会的和家庭的生活等方面享有与男子平等的权利。

（二）禁止歧视、虐待、残害妇女。

（三）国家鼓励妇女自尊、自信、自立、自强，运用法律维护自身合法权益。

（四）禁止招收未满十六周岁的女工。

（五）妇女在经期、孕期、产期、哺乳期受特殊保护。

（六）妇女的肖像权受法律保护。未经本人同意，不得以营利为目的，通过广告、商标、展览橱窗、书刊、杂志等形式使用妇女肖像。

（七）妇女的名誉权和人格尊严受法律保护。禁止用侮辱、诽谤、宣扬隐私等方式损害妇女的名誉和人格。

 家庭小贴士

如何判定遭受虐待

在现实生活中确实存在虐待家政人员的现象。这些情况虽然是个别现象，也应当引起社会各方的关注。如何来区分用户是否虐待家政服务人员，可从以下几个方面辨别。

1. 不尊重家政服务员的人格与劳动，随意打骂侮辱，言行下流，甚至动手动脚。

2. 经常不让家政服务员吃饱，天天给吃剩饭剩菜。

3. 随意增加合同以外的内容，无故拖欠、压低、克扣家政服务员的工资。

4. 故意延长劳动时间，家政服务员没有基本休息时间。

5. 挑剔家政服务员的一举一动。挖苦、嘲讽、打击。

6. 随意干涉家政服务员的私人事务，限制通信、交往、出入及人身自由。

四、食品安全法

在我国，国家高度重视食品安全，2009年6月1日起施行的《中华人民共和国食品安全法》中规定食品安全标准是强制执行的标准。

生产不符合食品安全标准的食品或者销售明知是不符合食品安全标准的食品，消费者除要求赔偿损失外，还可以向生产者或者销售者要求支付价款十倍的赔偿金。违反本法规定，构成犯罪的，依法追究刑事责任。

家庭小贴士

发生下列情况你应去找谁

1. 和用户发生误会、隔阂而自己无力解决时，可通过用户的长辈、兄弟姐妹、好友帮你澄清事实，消除隔阂。

2. 因服务内容、时间、报酬、休假、辞工等问题发生合同纠纷时，可找街道居民委员会、家政公司进行调解或劳动部门仲裁。

3. 当你不能辨别所发生问题应该找谁帮忙解决时，你可去当地妇联、街道办事处倾诉、讨教，去法律援助中心进行咨询。

4. 无论任何人对你有殴打、诽谤、跟踪、看管、拘禁，和隐匿、毁弃、拆开你个人邮件的行为，你都可去公安派出所检举揭发，求得保护。

五、劳动法

自1995年1月1日起施行的《中华人民共和国劳动法》第三条明确规定："劳动者享有平等就业和选择职业的权利、取得劳动报酬的权利、休息休假的权利、获得劳动安全卫生保护的权利、接受职业技能培训的权利、享受社会保险和福利的权利、提请劳动争议处理的权利以及法律规定的其他劳动权利。"

劳动者义务包括应履行劳动合同，提高职业技能，执行劳动安全卫生规程，遵守劳动纪律和职业道德等。

六、劳动合同法

劳动合同在明确劳动合同双方当事人的权利和义务的前提下，重在对劳动者合法权益的保护，被誉为劳动者的"保护伞"。《中华人民共和国劳动合同法》自 2008 年 1 月 1 日起施行。

订立劳动合同，应当遵循合法、公平、平等自愿、协商一致、诚实信用的原则。依法订立的劳动合同具有约束力，用人单位与劳动者应当履行劳动合同约定的义务。

用人单位招用劳动者时，应当如实告知劳动者工作内容、工作条件、工作地点、职业危害、安全生产状况、劳动报酬，以及劳动者要求了解的其他情况；用人单位有权了解劳动者与劳动合同直接相关的基本情况，劳动者应当如实说明。

劳动合同由用人单位与劳动者协商一致，并经用人单位与劳动者在劳动合同文本上签字或者盖章生效。劳动合同文本由用人单位和劳动者各执一份。

《中华人民共和国劳动合同法》第十七条规定，劳动合同应当具备以下条款：

（一）用人单位的名称、住所和法定代表人或者主要负责人。

（二）劳动者的姓名、住址和居民身份证或者其他有效身份证件号码。

（三）劳动合同期限。

（四）工作内容和工作地点。

（五）工作时间和休息休假。

（六）劳动报酬。

（七）社会保险。

（八）劳动保护、劳动条件和职业危害防护。

（九）法律、法规规定应当纳入劳动合同的其他事项。

劳动合同除以上规定的必备条款外，用人单位与劳动者可以约定试用期、培训、保守秘密、补充保险和福利待遇等其他事项。

七、家政服务员的工作合同

家政服务员和家政公司签订的合同，有以下几种形式：

（一）员工制管理的家政企业

在员工制管理的家政企业中，家政服务人员享受社会保险待遇，与家政公司签订正式《劳动合同》。

（二）准员工制管理的家政企业

由于目前很多家政企业为家政服务员上社会保险不具备条件，故不能签订正式《劳动合同》。在这种情况下，家政企业可以对家政服务员实行准员工制管理，只是准员工式管理制度下的家政服务员并没有享受到社会保险待遇。之所以实行准员工式管理，是为了充分利用员工制度模式更好地为家政服务员和用户提供服务，使企业规范运行。准员工式管理制度可以由家政企业和家政服务员签订《家政服务员合同》。

（三）中介制管理的家政企业

在中介制管理的家政企业中，用户、家政服务员签订雇用合同，家政企业在这份合同中是居间方、中介人。也可以由家政企业分别与用户与家政服务员签订《服务合同》，约定中介与用户及家政服务员之间的权利和义务。中介制的家政企业应取得政府主管部门颁发的《人力资源服务许可证》。

● **服务案例**

遭受虐待的童工

15岁的小盈通过朋友介绍到北京一位姓王的用户家做家政服务员。按照合同上的要求，小盈只需要负责每天的三餐和一般的房间打扫即可，但是，用户要求的工作要远远超过合同的规定。但因为怕丢掉工作，小盈一直不敢抱怨。但用户对小盈还是有很多不满，不是嫌小盈打扫得不干净，就是嫌她做事太慢。稍微不如意就动手殴打，还恐吓她说如果敢对外面说就要打死她。小小年纪的小盈在人生地不熟的北京只能默默忍受。后来因为实在忍受不了用户的殴打，小盈偷偷借着买菜的机会给妈妈打了电话。

小盈的妈妈连夜来到了北京，看到小盈身上的伤痕后，痛苦不已的母亲带着小盈走进了公安局。经过法医鉴定，小盈的损伤程度为轻伤。而小盈的用户也因为殴打他人，最终受到了法律的制裁。

对于小盈受到的伤害，小盈的父母是有责任的。《未成年人保护法》第四章第三十八条规定，"任何组织或者个人不得招用未满十六周岁的未成年人，国家另有规定的除外。"从事家政服务员行业的人员，年龄一定要满 16 周岁，从事家政服务也一定要到正规的家政公司求职，在保证自己安全的情况下再进行工作。

本案中小盈出来打工时只有 15 岁，属于限制行为能力人，不具有完全民事行为能力，对自己的行为和他人给自己造成的侵害都没有足够的认识能力、承担责任能力和保护自己的能力。作为小盈的父母，有义务保护自己女儿的人身、财产不受侵害。

此外，家政服务员一定要有自我保护意识，在合法权利受到侵害的时候，一定要寻求法律保护。本案中的小盈如果在第一次被打的时候就能及时报警，也不会被持续殴打。

殴打老人犯法

72 岁的夏奶奶因脑血栓瘫痪在床，丧失语言能力。儿女因工作脱不开身，就在一家家政公司雇用了张某来照顾其起居生活。一天，夏奶奶的女儿回家，发现母亲脸上有几处淤青和伤痕，张某说是上厕所时碰伤的。当女儿询问时，老人痛哭不止。女儿为弄清真相，安装录像设备后发现，一次张某喂饭时老人弄脏了她的衣服，她便不停打骂老人。夏奶奶的儿女十分气愤，马上到公安局报了警。经过公安机关的审理，张某最终被判 20 天的拘留。

在本案例中，张某因为老人不能很好地配合她工作而对老人出手打骂，这不仅违背了一个家政服务员的基本道德要求，更触犯了法律，理应受到法律制裁。

口说无凭 应立字为证

小张在 2011 年 1 月 1 日经家政公司介绍来到王女士家中做家政服务员，双方签有书面协议，约定工作至 2011 年 12 月 31 日为止。很快一年的合同到期了，小张想回家过春节，于是委婉地向王女士提出，并说等他们找到替换的人自己再走。当时王女士也没有说什么，期间小张又多次提醒王女士。眼看到 1 月 18 日了，小张不能再等了，提出要走，王女士同意了，但没有支付小张 18 天的工资 1500 元。

春节过后小张回到北京，再次给王女士打电话讨要工资，可王女士一听她的声音一句话不说就挂掉。小张为此苦恼不已。万般无奈下，小张向法院提起了诉讼。结果在庭审中，王女士对小张 18 天的工作予以否认，而小张又除了日记外无法提供任何证据证明她在 2012 年 1 月 2 日至 18 日曾在用户家从事家政工作。最后一审法院以证据不足为由，驳回了小张的诉讼请求。

在本案中，如果小张能够在合同到期的时候，与王女士继续签订一份协议，那么就不必因为追讨工资而苦恼了。

● 家庭博士答疑

我出门时我妈说了，老老实实做人，安安分分做事。我又不触犯法律，学这么多法干什么呀！

法律不仅仅是约束我们不做坏事，我们还能够用法律来保护自己。作为一名劳动者，家政服务员的人格尊严、劳动报酬和劳动保障同样受到法律保护。因此，学法、懂法、守法，善于运用法律武器保护自己，做一个尊重别人也尊重自己的合法公民，是一个家政服务员所必须具备的基本素质。

我在购买食品的时候需要注意些什么呢？

家政服务员需要了解以下食品是国家明确禁止生产经营的食品，采购或制作的时候要高度重视。

1.用非食品原料生产的食品或者添加食品添加剂以外的化学物质和其他可能危害人体健康物质的食品，或者用回收食品作为原料生产的食品。

2.致病性微生物、农药残留、兽药残留、重金属、污染物质以及其他危害人体健康的物质含量超过食品安全标准限量的食品。

3.营养成分不符合食品安全标准的专供婴幼儿和其他特定人群的主辅食品。

4.腐败变质、油脂酸败、霉变生虫、污秽不洁、混有异物、掺假掺杂或者感官性状异常的食品。

　　5.病死、毒死或者死因不明的禽、畜、兽、水产动物肉类及其制品。

　　6.未经动物卫生监督机构检疫或者检疫不合格的肉类，或者未经检验或者检验不合格的肉类制品。

　　7.被包装材料、容器、运输工具等污染的食品。

　　8.超过保质期的食品。

　　9.无标签的预包装食品【预包装食品是指有外包装袋（盒）的各类食品】。

　　10.国家为防病等特殊需要明令禁止生产经营的食品。

　　11.其他不符合食品安全标准或者要求的食品。

练习与提高

1. 公民的基本权利和义务主要有哪些？

2.《中华人民共和国未成年人保护法》的有关规定是什么？

3.《中华人民共和国老年人权益保障法》的有关规定是什么？

4.《中华人民共和国妇女儿童权益保护法》的有关规定是什么？

5. 家政服务员和家政公司签订的合同有哪几种形式？

参考文献

1.朱雷主编.现代家政服务(职场指南).北京:中央广播电视大学出版社,2011

2.庞大春主编.家政企业运营实务.北京:中央广播电视大学出版社,2011

后 记

  根据商务部关于"十二五"时期促进家政服务业发展的指导意见，以及商务部办公厅关于做好2012年家政服务体系建设工作的通知精神，受商务部服务贸易和商贸服务业司的委托，中国商务出版社负责《全国家政服务员培训教材》的编写工作。

  此套教材编委会由全国家政服务管理部门和相关家政培训机构，以及全国家政服务龙头企业的专家、学者组成。编委会依据商务部"家政服务员培训大纲"的要求，制定教材的编写大纲及章节体例，并确定每册的编写单位。全套教材共四册，其编写单位为：北京华夏中青社区服务有限公司、北京富平家政服务中心、济南阳光大姐服务有限责任公司、三替集团有限公司。易盟集团（95081家庭服务中心）参与教材配套光盘内容的摄制，并提供拍摄场地和人员。此套教材还得到了中国家庭服务业协会、北京家政服务协会、商务部研究院服务产业部，以及宁波81890求助服务中心、深圳市安子新家政服务公司的大力支持。谨此，我们衷心感谢对这套教材提出修改意见、提供帮助和支持的所有单位和个人。

  本套教材在编写过程中，参考并引用了部分文字资料和照片。我们虽已标注出处，但因时间紧促恐仍有遗漏。为此，请相关作者尽快与我们联系，以便做出妥善处理。

《全国家政服务员培训教材》编辑部

2013年元月